W0291031

natürlich oekom!

Mit diesem Buch halten Sie ein echtes Stück Nachhaltigkeit in den Händen. Durch Ihren Kauf unterstützen Sie eine Produktion mit hohen ökologischen Ansprüchen:

- 100 % Recyclingpapier
- mineralölfreie Druckfarben
- Verzicht auf Plastikfolie
- Kompensation aller CO_2-Emissionen
- kurze Transportwege – in Deutschland gedruckt

Weitere Informationen unter www.natürlich-oekom.de und #natürlichoekom

Für Karin – raggio di sole

Klimaneutral
Verlag
ClimatePartner.com/53585-1805-1001

Bibliografische Information der Deutschen Nationalbibliothek:
Die Deutsche Nationalbibliothek verzeichnet diese Publikation in der Deutschen Nationalbibliografie; detaillierte bibliografische Daten sind im Internet über www.dnb.de abrufbar.

oekom, Gesellschaft für ökologische Kommunikation mbH,
Waltherstraße 29, 80337 München

Umschlaggestaltung: Vanessa Weuffel
Illustrationen: Angela Gerlach
Lektorat: Christian Wöllecke
Innenlayout & Satz: Ines Swoboda
Korrektorat: Maike Specht

Druck: Friedrich Pustet
GmbH & Co. KG, Regensburg

ISBN 978-3-96238-281-0

RECYCLED
Papier aus
Recyclingmaterial
FSC® C014889
FSC
www.fsc.org

JENNIFER BROCKERHOFF

GRÜNE FINANZEN

Von Altersvorsorge bis Geldanlage – der Ratgeber für Einsteiger*innen

Haftungsausschluss

Die Verwendung dieses Buches und die Umsetzung der darin enthaltenen Informationen erfolgt ausdrücklich auf eigenes Risiko. Dieses Buch dient als reine Informationsquelle und nicht als Anlageempfehlung. Die Autorin sowie der Verlag übernehmen daher keine Verantwortung für das Nichterreichen der im Buch beschriebenen Ziele. Haftungsansprüche gegen den Verlag und die Autorin für finanzielle oder ideelle Schäden, die durch die Nutzung oder Nichtnutzung der Informationen beziehungsweise durch die Nutzung fehlerhafter und/oder unvollständiger Informationen verursacht wurden, sind grundsätzlich ausgeschlossen. Rechts- und Schadenersatzansprüche sind daher ausgeschlossen. Das Werk inklusive aller Inhalte wurde unter größter Sorgfalt erarbeitet. Der Verlag und die Autorin übernehmen jedoch keine Gewähr für die Aktualität, Korrektheit, Vollständigkeit und Qualität der bereitgestellten Informationen. Druckfehler und Falschinformationen können nicht vollständig ausgeschlossen werden. Es können keine juristische Verantwortung sowie Haftung in irgendeiner Form für fehlerhafte Angaben und daraus entstandene Folgen vom Verlag beziehungsweise der Autorin übernommen werden.

Jede Geldanlage, finanzielle Investition und jedes Wertpapier ist grundsätzlich mit Risiken behaftet. Alle Texte sowie die Hinweise und Informationen stellen keine Anlageberatung oder Anlageempfehlung dar. Sie wurden nach bestem Wissen und Gewissen aus öffentlich zugänglichen Quellen entnommen. Alle zur Verfügung gestellten Informationen dienen allein der Bildung und der Unterhaltung. Eine Haftung für die Richtigkeit kann grundsätzlich nicht übernommen werden.

Die steuerlichen Ausführungen basieren auf unserem Verständnis der derzeit bekannten deutschen Gesetzeslage für deutsche Anleger*innen. Es kann keine Gewähr dafür übernommen werden, dass sich die steuerliche Beurteilung durch Gesetzgebung, Rechtsprechung oder Erlasse der Finanzverwaltung nicht ändert. Solche Änderungen können auch rückwirkend eingeführt werden und die beschriebenen steuerlichen Folgen nachteilig beeinflussen. Diese Zusammenfassung erhebt nicht den Anspruch, sämtliche steuerlichen Aspekte zu behandeln, die aufgrund der persönlichen Umstände der einzelnen Anleger*innen von Bedeutung sein können. Interessierten Anleger*innen wird daher empfohlen, sich von einem Angehörigen der steuerlichen Berufe über die steuerlichen Folgen des Erwerbs, das Halten oder die Veräußerung von Wertpapieren und Geldanlagen beraten zu lassen.

Einleitung

Kennen Sie die Serie *Bad Banks*? Darin geht es um die steile Karriere einer jungen Bänkerin, um Macht, Intrigen und natürlich um jede Menge Geld. Geld, das irgendwo angelegt werden muss. Nachhaltig, ökologisch? Nun ja.

»Was interessiert mich jetzt diese Öko-Scheiße?!« Dieser Satz stammt aus der 2. Staffel der Serie und spiegelt wider, was in der Investmentbranche noch fest in den meisten Köpfen verankert ist: Nachhaltigkeit ist nur ein Trend. Nachhaltigkeit bringt weniger Rendite. Nachhaltigkeit ist nur für Ökos. Nachhaltigkeit bedeutet mehr Risiko. Nachhaltigkeit ist ein Fake.

Doch wie sieht es in anderen Branchen aus? In der Bekleidungsindustrie ist eine immer größer werdende Fair-Fashion-Bewegung entstanden, die Kosmetikindustrie wirbt für Produkte ohne Mikroplastik und versucht sich mehr und mehr am Konzept von *Zero Waste*, also der kompletten Vermeidung von Müll: Als Kund*in kann man Seifenstücke statt Duschgelflaschen oder Zahnputztabletten statt Zahnpastatuben in den Regalen finden. Auch regionale Lebensmittel werden immer gefragter, und ein prominenter Wursthersteller verdient mittlerweile mehr Geld mit Ersatzprodukten statt mit echtem

Fleisch. Immer mehr Konsument*innen hinterfragen Herstellungsprozesse, informieren sich über Verbraucherportale und treffen nachhaltigere Konsumentscheidungen. Andere Branchen sind also schon weit gekommen, wenn es um nachhaltigere Lösungen und den Umweltschutz geht.

Wir alle kennen den Spruch: »Geld regiert die Welt.« Dabei sind große Konzerne, Institutionen und Staaten gemeint. Wo investieren sie ihr Geld, wie wird Rendite erzielt? Und spielt Nachhaltigkeit in den Investitionsentscheidungen überhaupt eine Rolle? Das zeigt sich beim Blick auf das Geld der großen Finanzplayer am Markt. Der norwegische Staatsfonds zum Beispiel ist der größte Staatsfonds der Welt und legt die Einnahmen aus den norwegischen Erdölverkäufen für die Einwohner*innen Norwegens an. Seine Anlagepolitik verbietet seit 2015 die Investition in Firmen, die mehr als 30 Prozent ihrer Einnahmen durch Kohle erwirtschaften. Der deutlich kleinere irische Staatsfonds investiert seit 2016 weder direkt noch indirekt in Unternehmen, die fossile Brennstoffe fördern. Der größte Versicherer Europas, die Allianz SE, versichert keine neuen Kohlekraftwerke oder Kohleminen und wird bestehende Verträge nicht verlängern und bis 2040 versicherte Kohlerisiken vollständig auslaufen lassen. Bezeichnend war außerdem die 2021er-Ausgabe des Briefes, den BlackRock-CEO Larry Fink jährlich an Unternehmenslenker verschickt.[1] Der einflussreiche Chef des größten Vermögensverwalters der Welt mahnte die größten Konzernchefs darin zu mehr Ökodenken. Dies meinte er vor allem aus Sicht eines Kapitalisten, der durch die Folgen des Klimawandels die zukünftigen Renditen bestehender Wertpapierportfolios in Gefahr sieht. Es verändert sich also so einiges im Hintergrund.

Wie sieht es aktuell mit dem Anlageverhalten der »normalen« Anleger*innen aus?

Die Zahlen sprechen für sich: In nur einem Jahr haben Privatanleger*innen in Deutschland ihre Investments in nachhaltige Geldanlagen fast verdoppelt – von 9,4 auf 18,3 Milliarden Euro. So steht es im letzten Marktbericht des Fachverbands »Forum Nachhaltige Geldanlagen«, kurz FNG.

Das Volumen von nachhaltigen Fonds und Mandaten ist insgesamt um über 37 Prozent angestiegen – von 133 Milliarden Euro im Jahr 2018 auf 183 Milliarden Euro bis Ende 2019. Das hört sich nach viel an, ist es in Wahrheit jedoch noch nicht. Denn es entspricht gerade einmal einem Marktanteil von 5,4 Prozent.[2] Da geht noch einiges! Die Dynamik des Wachstums ist beachtlich und zeigt, wie sehr nachhaltiges Investieren in den letzten fünf Jahren aus der Nische auf die Hauptbühne katapultiert worden ist. Noch sind die Hauptinvestor*innen vor allem die sogenannten institutionellen Anleger*innen, also die Pensionskassen, Stiftungen, Banken oder Investmentgesellschaften mit fast 90 Prozent Marktanteil.

Aber das wird sich in den nächsten Jahren sehr wahrscheinlich ändern. Hier hilft die Politik, besser gesagt, eine Reihe von neuen Gesetzen in der Anlageberatung. Bald müssen

Sie gefragt werden, ob nachhaltige Aspekte in Ihrer Anlageentscheidung eine Rolle spielen, und wenn ja, welche im Einzelnen. Ein Novum. Und so wird endlich das Henne-Ei-Problem gelöst. Wie es genau aussah? Nun, Menschen, die sich für nachhaltige Geldanlagen interessierten, bekamen sie nur sehr selten von ihren Finanzberater*innen angeboten. Umgekehrt sahen die Finanzberater*innen keinen Bedarf und boten nachhaltige Geldanlagen nicht an, schließlich fragte kein Mensch danach!

Aber wie gesagt, der Wind dreht sich. Besonders seit 2020 kann man eine wahre Lawine an neuen Presseartikeln rund um das Thema grünes Geld feststellen. Befeuert wird diese Nachfrage ganz gewiss auch durch den von der EU in 2018 vorgelegten »Aktionsplan zur Finanzierung nachhaltigen Wachstums«. Dieser Plan ist ein Gamechanger für den Finanzmarkt: ein nachhaltigeres, ökologisch und sozial verantwortlicheres Finanzwesen.

Mit etwas Verspätung müssen ab 2022 alle Finanzberater*innen und Portfoliomanager*innen ihre Kund*innen zu Nachhaltigkeitspräferenzen befragen und diese bei Beratungen und Vermögensverwaltungen berücksichtigen. Ein echtes Novum und eine Erweiterung der bestehenden Finanzmarktrichtlinie MiFiD II.

Der EU-Aktionsplan Sustainable Finance umfasst dabei drei wesentliche Aktionsfelder: die Neuausrichtung von Kapitalströmen hin zu einer nachhaltigen Wirtschaft, die Einbettung der Nachhaltigkeit in das Risikomanagement und Förderung von Transparenz und Langfristigkeit. Hinzu kommen weitere Unterziele, exemplarisch sei hier das relativ sperrige Wort »Taxonomie« genannt. Bezogen ist es auf die Ausrichtung der Kapitalströme und steht für ein Klassifizierungssystem für ökologisches und nachhaltiges Wirtschaften.

Kern der Taxonomie sind sechs EU-Umweltziele: Klimaschutz, Anpassung an den Klimawandel, nachhaltige Nutzung und Schutz von Wasser- und Meeresressourcen, Überleitung zu einer Kreislaufwirtschaft, Müllvermeidung und Recycling, Vermeidung und Verminderung der Umweltverschmutzung und Schutz und Wiederherstellung der Biodiversität und der Ökosysteme.

Die Details der Umsetzung sind teilweise noch offen und sorgen daher vielerorts für Kopfzerbrechen. Derzeit stehen die Klimaziele im Fokus. Eine Ausdehnung der Taxonomie auf soziale Aspekte und neue Vorgaben der Unternehmensberichterstattung sollen folgen. Zusätzlich traten ab März 2021 Transparenzpflichten in Kraft. Diese weitere EU-Verordnung verpflichtet Produktanbieter*innen und Anlageberater*innen dazu, darüber zu berichten, wie sie mit Nachhaltigkeitsrisiken umgehen, sowohl auf Gesellschafts- als auch auf Produktebene. Greenwashing soll damit deutlich eingedämmt werden. Diejenigen Produktanbieter*innen, die sich als Nachhaltigkeitspionier*innen dargestellt haben, müssen es jetzt auch nachweisen.

Es herrscht viel Unsicherheit unter den Finanzmarktakteur*innen und teilweise viel Widerstand. Welche Signalwirkung haben die EU-Verordnungen für die globalen Finanzmärkte? Kritiker*innen führen an, dass es für Nachhaltigkeit keine politisch motivierte Blaupause geben kann. Ihrer Meinung nach führt die massive Lenkung von Geldern in grüne Produkte am ehesten zu einer neuen gefährlichen Finanzblase. Andererseits steigt das Bewusstsein der Anleger*innen, welche positiven wie negativen Auswirkungen das investierte Geld haben kann. Es bleibt also eine Gratwanderung für alle Beteiligten, wo ganz sicher noch sehr viel nachjustiert werden muss.

Fest steht: Schon heute kann es sich keine namhafte Zeitung mehr leisten, das Thema »nachhaltige Finanzen« zu übergehen. Durch den medialen Fokus steigt automatisch das Interesse der Menschen an den Investitionsmöglichkeiten. Blöd nur, dass mehr als die Hälfte der Bankberater*innen und Finanzdienstleister*innen sich fachlich noch nicht fit genug fühlt, um Kund*innen eine qualifizierte Beratung in dieser Sache anzubieten.[3] Erschwerend kommt hinzu, dass die stark gestiegene Nachfrage auch weniger seriöse Anbieter anlockt. Diese vermeintlichen Ökopionier*innen kommen mit heilsbringenden Broschüren von Produkten daher, die unsere Welt im Handumdrehen zu einem besseren Ort machen sollen.

Genau deshalb habe ich diesen Ratgeber geschrieben. Er richtet sich an alle, die sich für eine nachhaltige Geldanlage interessieren. In den folgenden Kapiteln möchte ich Ihnen

Basiswissen vermitteln, mit gängigen Vorurteilen aufräumen und einzelne Schritte und Ideen für eine Umsetzung vorstellen. Um das oft als trocken bezeichnete Thema spannender zu gestalten, habe ich die folgenden Kapitel in Teilen thematisch an eine Wandertour in den Bergen angelehnt. Es gibt nämlich eine Vielzahl an Parallelen, unter anderem dass das Interesse an Wanderwegen seit Ausbruch der Pandemie im Vergleich zu 2019 um 62 Prozent angestiegen ist. Zusätzlich finden Sie am Beginn eines jeden Kapitels eine grafische Zusammenfassung sowie ein Etappenziel am Ende. Zudem ist nachhaltige Geldanlage verbunden mit vielen Fremdwörtern. Am Ende des Buches finden Sie deshalb ein Nachschlagewerk der gängigsten Begrifflichkeiten.

» Das Geheimnis des Vorwärtskommens besteht darin, den ersten Schritt zu tun. «

Mark Twain

Nachhaltigkeit: Reine Frauensache?

Bevor wir uns mit nachhaltiger Geldanlage beschäftigen, möchte ich noch ein kurzes Kapitel voranstellen, das mit meinen Beobachtungen zu tun hat: Ich habe bemerkt, dass das Thema »Nachhaltigkeit« häufig mit dem weiblichen Geschlecht assoziiert wird. Auf Social-Media-Kanälen überwiegen Eco-Influencerinnen, die zu massenkompatiblen Themen wie Kosmetik, Mode oder Nahrungsmitteln posten und Rezepte teilen. Meine Beratungsleistungen werden vorwiegend von Frauen in Anspruch genommen, die mich gezielt aufgrund meiner Qualifikation als Fachberaterin für nachhaltiges Investment auswählen. Die bekanntesten Gesichter der Fridays-for-Future-Bewegung sind Greta Thunberg, Luisa Neubauer oder Carla Reemtsma. Interessanterweise werden Umweltschutzthemen in abendlichen Talkshows überwiegend von Frauen vertreten, während die Gegenseite aus Wirtschaft, Automobilindustrie und Energiesektor oft von männlichen Vertretern geprägt ist.

Genau diese Tatsache mag uns eine tiefere Einsicht in den Mythos der »nachhaltigen Frau« liefern. Ich meine, dass unsere Sozialisierung eine entscheidende Rolle dabei spielt, ob wir mit nachhaltigen Themen konfrontiert werden und somit Entscheidungen treffen müssen. Genauso wirkt die traditionelle Rollenverteilung, die im Land noch allerorten anzutreffen ist: Wir mögen zwar eine Bundeskanzlerin haben, jedoch liegt Deutschland seit vielen Jahren stabil auf Platz zwölf im EU-Gleichstellungsranking. Laut der AllBright Stiftung sitzen in den Geschäftsführungen der hundert größten deutschen Familienunternehmen nur sehr wenige Frauen. Außerdem liegt in diesem Land der Anteil der Start-up-Gründerinnen bei nur 15,7 Prozent. Weil Frauen weniger Geschäftsideen haben? Wohl kaum!

Sobald eine Familie gegründet wird, bleiben eher Mütter als Väter zu Hause, um sich um Kinder und Haushalt zu kümmern, oder steigen in Teilzeit wieder in den erlernten Beruf ein. Oft mit dem Argument, dass frau weniger verdient (der Gender-Pay-Gap lässt grüßen). Zudem wird eine längere Elternzeit bei Vätern nach wie vor als exotisch angesehen. Unbezahlte Hausarbeiten wie Einkaufen, Putzen, Waschen und Mülltrennung bleiben somit gezwungenermaßen Frauensache. Und hier kommt der Trend zu nachhaltigen Konsumentscheidungen ins Spiel. Der soziale Druck von gut situierten Familien des globalen Nordens hat sogar einen

Eco-Lifestyle erschaffen. Die neue Gruppenzugehörigkeit definiert sich dann unter anderem darüber, phosphatfreies Waschmittel zu kaufen, Kosmetik ohne Mikroplastik zu nutzen und die Einkäufe möglichst plastikfrei und unverpackt zu erledigen.

Diese Kaufentscheidungen weiten sich automatisch auf weitere Personengruppen aus. Denn es sind meistens Frauen, die sich um die älter gewordenen Eltern, Großeltern oder andere pflegebedürftige Familienmitglieder kümmern und wiederum Kaufentscheidungen für sie treffen.

Zu diesem Umstand lieferten die drei amerikanischen Wissenschaftlerinnen Ruth Meinzen-Dick, Chiara Kovarik und Agnes Quisumbing in einer Veröffentlichung im Jahr 2014 am International Food Policy Research Institute in Washington, D. C. eine weitere interessante Erkenntnis.[4]

Durch die tradierte Arbeitsteilung zwischen den Geschlechtern ist der Bewegungsradius von Frauen, gerade auch länderübergreifend gesehen, deutlich eingeschränkter als der von Männern. Männer besitzen circa zweimal so häufig wie Frauen einen eigenen Pkw, obwohl die Zahl der Menschen mit Führerschein geschlechterübergreifend ähnlich hoch ist. Frauen nutzen häufiger den ÖPNV, das Fahrrad oder gehen zu Fuß. Geht weniger Mobilität mit weniger Status, weniger Karrierechancen und – auf

andere Länder bezogen – mit einem eingeschränkten Zugang zu Ressourcen und damit auch Macht einher? Millennials sehen das anders und legen deutlich weniger Wert auf Führerschein und Auto – vielleicht eine Trendumkehr als heimliche Unterstützung der Geschlechtergleichheit.

Unbestritten gibt es natürlich viele männliche Umweltschützer, die uns das geheime Leben der Bäume erklären oder Dokumentationen über unsere faszinierende Erde drehen sowie sich unermüdlich wissenschaftlich und politisch engagieren. Die Verantwortung für Umweltschutz und soziale Gerechtigkeit ist selbstverständlich geschlechterübergreifend. Umso wichtiger ist es, alte Denkmuster zu verändern und die Macht der Wörter zu begreifen. Daher richtet sich dieser Ratgeber explizit an alle Geschlechter. Denn das, was am meisten fehlt, um gute Finanzentscheidungen zu treffen, ist Basiswissen. Männer trauen sich auch ohne tief greifendes Wissen in risikoreichere Geldanlagen, während Frauen, häufig bedingt durch Familienzuwachs, deutlich risikoscheuer sind und dann sicherheitshalber Rücklagen auf unverzinsten Tagesgeldkonten horten.[5] Ich verstehe mein Buch als Anreiz, dass dies endlich ein Ende hat, und starte mit einer kurzen Übersicht zur Historie der Nachhaltigkeit.

AUF GEHT'S!
...bis 2030
17 Ziele
Pariser Klimaabkommen 2015
Brundland-Bericht 1987
Quäker 1758
Sylvicultura oeconomica
17. Jahrhundert

Erstes Kapitel

Eine kurze Geschichte der Nachhaltigkeit

Es ist heutzutage kaum vorstellbar, dass die Alpen im 17. Jahrhundert noch als »hässlich«, »bedrohlich« und »widerwärtig« galten und vielen Menschen sogar unheimlich waren. Die Berge als Urlaubsziel anzusteuern oder sogar aus Wellness-Gründen zu besuchen, auf diese Idee wäre damals kaum jemand gekommen. Wer es sich leisten konnte, der ging nicht zu Fuß, sondern ließ sich mit der Kutsche von A nach B transportieren. Dem bedrohlichen Anblick der Berge entkam man durch hübsche Gardinen an den Kutschenfenstern.

Erst Anfang des 18. Jahrhunderts wendete sich das Blatt. Dichter*innen und Maler*innen veränderten die landläufige Wahrnehmung der Berge, und es fand eine buchstäbliche Romantisierung statt, nicht zuletzt auch durch die niedergeschriebenen Wandererlebnisse von Johann Wolfgang von

Goethe, der auf diese Weise die Schweiz und Italien erlebte. Diese persönliche veränderte Naturwahrnehmung führte allerdings noch nicht zu einem nachhaltigen Denken. Dieses war schon am Anfang seiner Entwicklung eher wirtschaftlichen Überlegungen geschuldet.

Als Vordenker gilt hier der Oberberghauptmann Hans Carl von Carlowitz, der etwa zur gleichen Zeit wie Goethe in der sächsischen Stadt Freiberg lebte, auch »Silberstadt« genannt. Wie der Name Silberstadt bereits vermuten lässt, liegt der Ort im ältesten Bergbaugebiet für Silber und andere Bodenschätze im Erzgebirge. Zur damaligen Zeit erlebte von Carlowitz, wie die heimischen Wälder großflächig dem Bergbau zum Opfer fielen. Auch Stürme, Trockenheit und Borkenkäferbefall setzten den Bäumen schon damals zu.[6] Von Carlowitz schrieb daraufhin sein bis heute bekanntes Werk *Sylvicultura oeconomica*, das erst nach seinem Tod großen Einfluss auf die Forstwirtschaft haben sollte.

Darin enthalten: die Anweisung, dass nur so viel Holz geschlagen werden sollte, wie durch planmäßige Aufforstung wieder nachwachsen konnte – eine visionäre Betrachtung, die den Grundstein für das Prinzip des nachhaltigen Umgangs mit natürlichen Rohstoffen legte.

Ein weiteres Beispiel für eine nachhaltige, in diesem Fall soziale Geisteshaltung sind die Quäker des 18. Jahrhunderts. In Großbritannien entstanden, emigrierte die Bewegung schließlich in die USA. Den Mitgliedern der »Religiösen

Gesellschaft der Freunde«, so ihr offizieller Titel, war es seit der Jahresversammlung 1758 verboten, am damals noch weitverbreiteten Sklavenhandel teilzunehmen. Auch wenn die Quäker von etlichen ihrer Zeitgenossen als weltfremde Spinner abgetan wurden, brachten sie einen Stein ins Rollen. Mit Demonstrationen, Petitionen und Vorträgen schafften sie es ab 1787 gemeinsam mit anderen Mitstreiter*innen, die öffentliche Meinung in Großbritannien mehr und mehr gegen den Sklavenhandel aufzubringen. Es folgten die erste bürgerliche Massenbewegung und Verbraucherboykotte gegen Zucker, denn die auf den Zuckerrohrplantagen arbeitenden Sklav*innen wurden zum Symbol der Sklaverei. Etwa 20 Jahre später, Anfang des 19. Jahrhunderts, beugte sich die britische Politik, und das Parlament in London stellte als erste Kolonialmacht den Handel mit Sklaven unter Strafe.[7] Auch in den USA wirkten die Quäker in ähnlicher Weise und forcierten so die Entwicklung einer Abschaffung der Sklaverei gegen enorme Widerstände.

Die Beispiele des sächsischen Berghauptmanns und der Quäker zeigen, dass globale Veränderungen meist mit ungewöhnlichen Ideen und Sichtweisen anfangen. Denn in der Regel dominieren Phrasen wie »Warum sollen wir etwas verändern?« oder »Das haben wir doch schon immer so gemacht!« den Alltag der meisten Menschen. Nur das beharrliche Festhalten an neuen Ideen und Herangehensweisen gegen alle Widerstände kann Veränderungen bewirken. Dazu müssen aber bestehende Denkweisen und Handlungen, die als völlig normal erscheinen, im Kollektiv hinterfragt werden.

Machen wir nun direkt einen Sprung ins 20. Jahrhundert, und zwar zur Gründung des Club of Rome 1968. Wie der Name schon verrät, ist diese gemeinnützige Organisation auf Anregung des italienischen Industriellen Aurelio Peccei in Rom gegründet worden, und zwar mit einer begrenzten Mitgliederanzahl von 100 Personen aus Wissenschaft, Politik und Wirtschaft. Prominente deutsche Mitglieder von heute sind zum Beispiel der Umweltwissenschaftler und ehemalige SPD-Politiker Ernst Ulrich von Weizsäcker und die promovierte Ökonomin Maja Göpel. Mit der Veröffentlichung des viel beachteten Buches *Grenzen des Wachstums* 1972 machten sich die Mitglieder des Clubs bereits vor 50 Jahren Gedanken darüber, wie eine immer größer werdende Weltbevölkerung auf der Erde leben kann, ohne diese vollends zu zerstören. Denn die Nachkriegszeit war von mehr Produktion, mehr Konsum und mehr Wohlstand geprägt. Grenzen waren da, um überwunden zu werden. Die Studie beleuchtete dementsprechend erstmals die negativen Auswirkungen des industriellen Fortschritts.

Dieser Bericht des Club of Rome über die »Lage der Menschheit« zeigte erstmals anhand von Prognosen, wie schnell natürliche Ressourcen schwanden. Er änderte damit das Bewusstsein der Menschen für unsere Ökosysteme. In diesem Zuge entstand die moderne Umweltbewegung. 1987 wurde der Brundtland-Bericht der UN-Weltkommission veröffentlicht, benannt nach der damaligen norwegischen Vorsitzenden, Gro Harlem Brundtland. Auch hierbei war es das Ziel, eine langfristige, umweltverträgliche Vision für das Leben auf der Erde zu entwickeln. So entstand ein Konzept der Nachhaltigkeit, das bis heute vielfach zitiert wird. Der Bericht gilt als Geburtsurkunde der modernen Nachhaltigkeitsdiskussion. Darin heißt es: »Eine nachhaltige Entwicklung ist eine Entwicklung, die die Bedürfnisse der Gegenwart befriedigt, ohne die Möglichkeiten künftiger Generationen zu gefährden, ihre eigenen Bedürfnisse zu befriedigen.«

So genial der Grundgedanke ist, so schwer gestaltet sich die konkrete Umsetzung. Das Ziel wurde deshalb immer wieder konkretisiert und weiter angepasst, sodass die Vereinten Nationen 1992 das Aktionsprogramm Agenda 21 veröffentlichten. Hierzu trafen sich Vertreter aus 178 Ländern auf der UN-Konferenz für Umwelt und Entwicklung in Rio de Janeiro und verabschiedeten ein entwicklungs- und umweltpolitisches Aktionsprogramm mit konkreten Handlungsempfehlungen für das 21. Jahrhundert. Eindringliche Wirkung entfaltete die Rede der damals zwölfjährigen kanadischen Umweltaktivistin Servern Suzuki. Sie brachte mit ihrer sechsminütigen Rede über die Ausbeutung des Planeten und die damit zusammenhängenden Gefahren für die zukünftigen Generationen alle angereisten Delegierten zum Schweigen. Sie ist die Greta

Thunberg meiner kanadischen Jugend, die wie die Fridays-for-Future-Bewegung heute für mehr Klima- und Umweltschutz protestiert. 2000 folgten die Millenniumsziele. Diese wurden ebenfalls von den Vereinten Nationen verabschiedet und beinhalteten acht Ziele und Vorgaben gegen Armut, Hunger, Krankheit und Umweltzerstörung, die anhand von klar definierten Indikatoren bis 2015 bewertet und erfüllt werden sollten.

Auf der 21. UN-Klimakonferenz 2015 in Paris einigten sich 195 Staaten auf das Pariser Klimaabkommen, das das Kyoto-Protokoll von 1997 ablöste. Dieses Abkommen beinhaltet die Beschränkung des Anstiegs der weltweiten Durchschnittstemperatur auf 1,5 Grad beziehungsweise 2 Grad gegenüber den vorindustriellen Werten. Im gleichen Jahr wurden die Sustainable Development Goals – übersetzt: die 17 Nachhaltigkeitsziele der Vereinten Nationen – verabschiedet. Diese 17 Ziele sind nichts weniger als die drängendsten Hausaufgaben der Menschheit und Teil der Agenda 2030 für nachhaltige Entwicklung, sozusagen ein Fahrplan für die Zukunft, der weltweit ein menschenwürdiges Leben ermöglichen und dabei die natürlichen Lebensgrundlagen dauerhaft bewahren soll.

Nachhaltigkeitsziele der Vereinten Nationen

1 Keine Armut

2 Kein Hunger

3 Gesundheit und Wohlergehen

4 Hochwertige Bildung

5 Geschlechtergleichheit

6 Sauberes Wasser und Sanitäreinrichtungen

7 Bezahlbare und saubere Energie

8 Menschenwürdige Arbeit und Wirtschaftswachstum

9 Industrie, Innovation und Infrastruktur

10 Weniger Ungleichheit

11 Nachhaltige Städte und Gemeinden

12 Nachhaltige/r Konsum und Produktion

13 Maßnahmen zum Klimaschutz

14 Leben unter Wasser

15 Leben an Land

16 Frieden, Gerechtigkeit und starke Institutionen

17 Partnerschaften zur Erreichung der Ziele

17 Ziele für NACHHALTIGE Entwicklung

Diese 17 Nachhaltigkeitsziele haben insgesamt 169 Unterziele. Nähere Informationen zu den einzelnen Zielen und Unterzielen finden Sie unter *www.17ziele.de*. Die Vereinten Nationen veröffentlichen einen jährlichen Bericht über den Fortschritt bei der Erreichung der einzelnen Ziele. Den Bericht für 2020 – enthalten sind auch die besonderen Auswirkungen der Corona-Pandemie – können Sie hier abrufen: *www.unric.org/de/17ziele*.

Anbieter von nachhaltigen Anlageprodukten weisen übrigens verstärkt aus, welche der 17 Ziele Anwendung finden.

Nachhaltige Wirtschaft
KAPITALSTRÖME
Risikomanagement
NEW
§
EU-Aktions-Plan
TRANSPARENZ
&
Langfristigkeit
5 km

Zweites Kapitel

Die Wirkung Ihres Geldes

Wenn Sie über die eben genannten Ziele der Vereinten Nationen nachdenken: Welche würden – ganz spontan – zu Ihrer Geldanlage passen, welche würden Sie dabei priorisieren?

Und wenn Sie jetzt sowieso darüber nachdenken, können Sie auch gleich noch überlegen, wie Sie in der Vergangenheit Ihr Geld angelegt haben. Übrigens, »anlegen« meint hier auch das »ungenutzte« Geld auf einem Bankkonto. Denn auch dieses Geld, das Sie gar nicht aktiv investieren, ist niemals neutral. Vereinfacht betrachtet, »arbeitet« Ihre Bank mit Ihrem Sparguthaben, in dem sie Kredite vergibt. Geldanlagen haben eine ungeheure Hebelwirkung, denn sie steuern wirtschaftliche Aktivitäten und können durch gezielte Lenkung nicht zukunftsfähiges Handeln unterbinden. Dabei entscheiden Sie als Kund*in in der Regel nicht, an wen.

Kreditnehmer könnten Kohlekraftwerke, Rüstungsunternehmen oder Unternehmen sein, die gegen Menschenrechte und Umweltschutzauflagen verstoßen.

Listen Sie also zunächst alle Bankkonten, Versicherungen und sonstigen Finanzprodukte auf, die Sie besitzen. Wissen Sie, wo genau Ihre Sparbeiträge investiert werden?

Für die Unterscheidung »konventionell oder grün« spielt es erst einmal keine Rolle, was der jeweils einzelne Anbieter unter »nachhaltig« versteht. Wichtig ist, ob der Anbieter überhaupt eine Auskunft geben kann.

Während wir bereits ein Bewusstsein über die Herstellungsprozesse entwickelt haben, wenn es um Kosmetik, Lebensmittel oder Kleidung geht, ist dies im Finanzbereich noch viel zu selten der Fall. Das liegt einerseits an der Komplexität der Produkte, aber vor allem daran, dass wir uns zu wenig erkundigen. Also: nachfragen! Und dann im Zweifelsfall aktiv werden.

Grüne Banken verfolgen im Vergleich zu konventionellen Banken ethisch-ökologische Geschäftsmodelle und fördern somit soziale Projekte, ökologische Landwirtschaft, erneuerbare Energien, Kultur und Bildung sowie umweltfreundliche Immobilienprojekte.

Es ist außerdem schon lange kein Geheimnis mehr, dass Bankmitarbeiter*innen Vertriebsziele erhalten und diese umsetzen müssen. Bei nachhaltigen Banken werden Berater*innen

ANLAGEART	KONVENTIONELL oder Grün?
 GIROKONTO	
 TAGESGELD, SPARKONTO	
 FONDS, ETFs, AKTIEN	
 PRIVATE ALTERSVORSORGE	
 BETRIEBLICHE ALTERSVORSORGE	
 WEITERE VERSICHERUNGEN	
 EDELMETALLE, Z.B. GOLD, EHERING	

nicht dazu angehalten, Kund*innen das »Produkt der Woche« oder des Monats aufzudrängen.

Es spricht also vieles dafür, die Bank zu wechseln. Früher scheute man sich vor dem Gedanken, jeden Dauerauftrag und jeden Lastschrifteinzug selbst verändern zu müssen. So zog sich ein Kontenwechsel oft wie Kaugummi, bis alle informiert waren. Das ist jetzt anders, denn der Bundestag hat mit dem Zahlungskontengesetz (ZKG) den Wechsel deutlich vereinfacht. Banken müssen ihren Kund*innen bei einem Umzug des Kontos behilflich sein und den Vorgang innerhalb von zwölf Tagen erledigt haben. Sonst haftet die alte Bank.

Ein schöner Nebeneffekt: Wenn viele Menschen zu grünen Banken wechseln, hat das eine große Signalwirkung für konventionelle Banken, endlich nachhaltiger zu werden.

Wenn Sie so gar keinen Schimmer haben, welche grünen Banken es gibt, nenne ich Ihnen hier einige Beispiele:

- GLS Bank
- Triodos Bank
- Umweltbank
- Steyler EthikBank
- EthikBank
- Pax-Bank
- Bank für Orden und Mission
- Bank für Kirche und Caritas
- Tomorrow

Diese Banken sind offen für alle Privatkund*innen.

Was nachhaltige Geldanlagen tatsächlich ausmacht und wie Sie ein passendes Anlagekonzept finden können, werden wir in den nächsten Kapiteln gemeinsam erarbeiten.

>> Was ich nicht erlernt habe, habe ich erwandert. <<

Johann Wolfgang von Goethe

Altersvorsorge
Schulden tilgen
Risiken kennen
5 PUNKTE
Reserve
Kassensturz
Selbsteinschätzung
Tourplanung

Drittes Kapitel

Die Planung – bevor es losgeht

Ist die Entscheidung für eine Wandertour einmal gefallen, dann möchten viele Menschen am liebsten direkt starten. Eine gute Idee? Meistens nicht. Denn egal ob hochalpine oder einfache Tagestour: Eine fundierte und realistische Tourenplanung ist die Voraussetzung für eine sichere und erlebnisreiche Wanderung. Hierzu gehören auch eine ehrliche und realistische Selbsteinschätzung der eigenen Fitness sowie die Berücksichtigung der bisherigen Erfahrungen und Kenntnisse aus vorherigen Touren. Außerdem ist es wichtig, immer einen zeitlichen Puffer als Sicherheitsreserve einzubauen.

Dies verhält sich bei der nachhaltigen Geldanlage nicht anders. Ich habe über die Jahre euphorische Interessenten kennengelernt, die am liebsten sofort jeden Euro in ein nachhaltiges Crowdfunding-Projekt oder in eine junge, aufstrebende

Aktiengesellschaft investieren wollten. Die Risiken der Geldanlage waren kein Thema. Das ist in etwa so, als würde man direkt vom Sofa aufspringen und in Hausschuhen und Jogginganzug bei der Talstation der Seilbahn auftauchen, um dort seine Wandertour zu starten. Dass Ausrüstung, Verpflegung und Zeitplan fehlen, fällt dann erst viel später auf. So sehr ich die Euphorie für das Thema nachhaltige Geldanlage teile, ich sehe mich – um im Bild zu bleiben – als Bergführerin mit einer Fürsorgepflicht. Deshalb erläutere ich im Folgenden fünf Schritte, ohne die keine Finanzplanung auskommt: Dem Kassensturz folgt die Bildung einer Liquiditätsreserve. Wer seine Finanzen plant, sollte außerdem seine Risiken kennen und absichern und eventuell vorhandene Schulden konsequent tilgen. Als letzter Punkt ist es wichtig, eine Altersvorsorge aufzubauen. Auf den folgenden Seiten gehen wir dies alles in Ruhe durch. So lernen Sie die Basics der Finanzplanung kennen. Beginnen wir direkt mit dem Ermitteln der Einkünfte und Ausgaben.

Kassensturz

Kennen Sie Ihre genauen Einnahmen und Ausgaben sowie die Summe, die Sie Monat für Monat sparen könnten? Nehmen Sie dafür einfach ein Blatt Papier und einen Stift zur Hand, und notieren Sie am besten über ein Quartal hinweg alle regelmäßigen, unregelmäßigen und außerplanmäßigen Ein- und Ausgaben. Digital geht das natürlich auch – und es gibt hierfür mittlerweile eine ganze Reihe von Apps fürs Smartphone oder auch Programme für den Computer.

Auf diese Weise führen Sie ein Haushaltsbuch, in dem alle Einnahmen und Ausgaben aufgelistet sind. Wahrscheinlich werden Sie unmittelbar entdecken, wie viel kleine und banale Dinge jeden Monat tatsächlich kosten: der morgendliche Coffee to go oder ein Croissant beim Bäcker um die Ecke, Süßigkeiten und Snacks, der zehnte Lippenpflegestift oder unnötige Versicherungen und Abonnements. Hieraus ergibt sich ein schönes Einsparpotenzial. Was Ihnen das bringt und wie Sie mit dem gesparten Geld verfahren sollten – das erfahren Sie im nächsten Punkt.

Liquiditätsreserve

Alles Investieren bringt nichts, wenn im Notfall kein Geld für eine neue Waschmaschine da ist oder dringend benötigte Reparaturarbeiten nicht stattfinden können. Genauso kritisch ist es, wenn – aus welchen Gründen auch immer – plötzlich das Einkommen wegbricht. In all diesen Fällen hilft eine eiserne Liquiditätsreserve. Diese Reserve sollte drei bis sechs Monatsnettogehälter umfassen und auf einem gesonderten Tagesgeldkonto geparkt werden, auch wenn es hierfür in der Regel kaum noch Sparzinsen gibt. Damit es Ihnen leichter fällt, das Geld für die Reserve zu sparen, stelle ich Ihnen nachfolgend eine hilfreiche Sparregel vor.

Die 50-30-20-Regel

Brauchen Sie eine kleine Orientierungshilfe, wie Sie am besten mit Ihrem monatlichen Einkommen umgehen? Dann empfehle ich Ihnen die 50-30-20-Regel mit ihren drei Bereichen »Muss-Ausgaben«, »Kann-Ausgaben« und »Sparanteil«.

Maximal 50 Prozent des Einkommens sollten für »Muss-Ausgaben«, also die monatlichen fixen Kosten, ausgegeben werden. Dazu gehören Ausgaben wie Miete, Strom, Krankenversicherung oder Lebensmittel. Unsere Grundbedürfnisse also.

Maximal etwa 30 Prozent des Einkommens sollten »Kann-Ausgaben« sein. Dazu gehören Lifestylethemen wie Essen gehen, Kinobesuche, Urlaub, Hobbys oder Kosmetikprodukte. Sollte eine größere Anschaffung anstehen, legt man aus diesem Topf erst einmal monatlich einen festen Betrag beiseite.

20 Prozent des Einkommens sollten mindestens als Sparanteil zurückgelegt werden. Hieraus entsteht die bereits angesprochene Liquiditätsreserve für unvorhergesehene Ausgaben. Ist diese Reserve da, spart man für den weiteren Vermögensaufbau und die eigene Altersvorsorge.

Risiken kennen und absichern

Ob ein Sturz vor der Haustür, ein Autofahrer, der träumt und zu spät bremst, oder eine plötzliche schwere Erkrankung: Risiken lauern überall und sind Teil unseres Lebens. Deshalb gibt es auch für fast jede Situation eine mögliche Versicherung. Gerade wenn es um finanzielle Risiken geht, gilt es, diese zu kennen und mit den persönlichen Vorstellungen abzugleichen. Welches Risiko sind Sie bereit zu tragen? Was muss vielleicht nicht versichert werden?

Vor allem das Risiko, durch eine schwere Erkrankung oder eine Berufsunfähigkeit kein Geld mehr verdienen zu können, kann und sollte versichert werden. Neben dieser persönlichen Absicherung der eigenen körperlichen Risiken – auch »biometrische Risiken« genannt – sollte zusätzlich die eigene Familie abgesichert werden. Im Normalfall sind diese Risikoversicherungen, wie der Name schon verrät, reine Risikoabsicherungsverträge. Dazu gehören zum Beispiel die Risikolebens-, die Berufs- oder Erwerbsunfähigkeitsversicherung oder die Unfallversicherung. Kommt es in der versicherten Zeit weder zu Berufs- oder Erwerbsunfähigkeit noch zu einem Unfall oder gar Todesfall, dann gibt es in der Regel kein Geld zurück. Dafür sind die Beiträge niedriger als bei Renten- oder Lebensversicherungen, bei denen zu einem bestimmten Zeitpunkt das eingezahlte Geld wieder zu einem zurückfließt. Gern werden kombinierte Versicherungsprodukte am Markt angeboten. Hierbei wird eine Risikoversicherung mit einer Rentenversicherung verbunden und so als 2-in-1-Produkt angeboten. Ich rate von diesen Produkten ab, da hier zwei Komponenten untrennbar verbunden sind und dies das Produkt unflexibel macht. Außerdem schmälern die Kosten für die Risikobausteine den Sparanteil.

Was vielen beim Thema Risikoabsicherung nicht bewusst ist: Auch solche Versicherungen haben einen enormen Einfluss, wenn es um die Nachhaltigkeit im Finanzsektor geht. Jährlich fließen in Deutschland 75 Milliarden Euro in Sachversicherungen wie die private Haftpflichtversicherung, die Kfz- oder die Rechtsschutzversicherung.

Die Versicherungsgesellschaften investieren die Beiträge der Versicherten, was Einfluss auf den Kapitalmarkt hat. Um die zugesagten Verpflichtungen jederzeit erfüllen zu können,

Der »Green Deal« der EU-Kommission

Die Europäische Union will bis 2050 klimaneutral werden. Dafür müssen die Nettoemissionen von Treibhausgasen auf null reduziert werden. Die EU-Kommission hat bis 2030 das Ziel, 55 Prozent weniger Kohlendioxid auszustoßen als im Jahre 1990. Um dieses ambitionierte Ziel zu erreichen, soll eine Billion Euro in den kommenden zehn Jahren mobilisiert werden. Das Finanzwesen spielt hierbei eine große Rolle und somit auch Ihre und meine Versicherungsbeiträge. Versicherungen und Rückversicherungen sollten aber auch von sich aus ein starkes Interesse an der Erreichung der Klimaziele haben. Denn gemäß dem »Climate Tracker« der Investmentbank Schroders sind bei einer globalen Erderwärmung von drei Grad Celsius große Teile der Welt nicht mehr versicherbar.

müssen die Kundengelder überwiegend in sichere Kapitalanlagen mit langfristig planbaren Zinserträgen investiert werden. Circa 80 Prozent der Anlagebeträge fließen in konservative Rentenanlagen und nur etwa 6 Prozent in Aktien.[8] Eine eindeutige Nachhaltigkeitsstrategie sucht man bei den meisten Versicherungsgesellschaften bisher leider vergebens. Dies könnte sich aber absehbar durch den »Green Deal« der EU-Kommission ändern.

Im Januar 2021 gaben die privaten Versicherungen in Deutschland bekannt, dass sie ihre Kapitalanlagen von insgesamt 1,7 Billionen Euro künftig stärker an Nachhaltigkeitszielen ausrichten wollen.[9] Das Geld ihrer Kund*innen soll spätestens bis 2050 klimaneutral angelegt werden. Die Gefahren des Klimawandels sind erkannt worden, und neben der Neuausrichtung der Investitionen sollen auch die Versicherungsprodukte nachhaltiger werden. Das heißt, dass in neuen Tarifen Sharing-Konzepte gefördert werden oder dass ein defekter Gegenstand repariert statt ausgetauscht werden soll. So, wie es zum Beispiel bereits in lokalen Repair-Cafés stattfindet.

Die Versicherungswirtschaft steht also gerade erst am Anfang einer nachhaltigen Transformation. Und doch gibt es sie bereits auch heute schon: grüne Leuchttürme in der Versicherungsbranche. Nachfolgend ein paar Beispiele von ganz unterschiedlichen Anbietern, die das Thema Nachhaltigkeit konsequent verfolgen.

www.gruen-versichert.de ist der erste Versicherungsmakler, der vom »Deutschen Institut für Nachhaltigkeit und Ökonomie« zertifiziert und vom »Rat für nachhaltige Entwicklung« ausgezeichnet wurde. Das Unternehmen konzipiert, überprüft und überwacht die Nachhaltigkeit von Versicherungslösungen für Versicherungsgesellschaften. Die Vision ist es, Kapitalströme aus schädlichen Industriezweigen in ökologische und nachhaltige umzuleiten. Die »Grün versichert«-Lizenz dient als Markenlabel für Gesellschaften, die damit nach außen werben können. Produkte mit diesem Label können direkt bei dem jeweiligen Produktanbieter oder Versicherungsmakler abgeschlossen werden. Anfang 2021 wurde bekannt, dass »grün versichert« jeweils zu gleichen Teilen von dem Versicherungsmakler Greensurance und der Versicherungsgesellschaft Ostangler Brandgilde übernommen worden ist.

www.greensurance.de ist ein nachhaltiger Versicherungsmakler und bietet grüne Sachversicherungslösungen für Privatkund*innen an. Greensurance beschreibt das Unternehmensanliegen als intrinsisch motiviert, vom ersten Tag an ging es um Nachhaltigkeit und grüne Versicherungen. Mit jedem oder jeder neuen Kund*in wird die Greensurance Stiftung gefördert. Das heißt konkret: Nach dem Abschluss von Versicherungsprodukten fließen mindestens fünf Prozent der laufenden Einnahmen von Greensurance in die Stiftung, deren Zweck unter anderem der Schutz des globalen Klimas ist. Außerdem können Versicherte mit Ökopunkten Versicherungsbeiträge sparen. Hierfür ermitteln die Versicherten anhand eines Onlinefragebogens ihre persönlichen nachhaltigen Verhaltensweisen. Die Folge: Eine nachhaltige Lebensweise wird mit günstigeren Versicherungsprämien belohnt.

Bonuspunkt Weiterbildung: Die Greensurance Stiftung bietet Berater*innen die Weiterbildung zum beziehungsweise zur ESGberaterIn, FachberaterIn für nachhaltiges Versicherungswesen® an, was durch das Bundesumweltministerium gefördert wird. So wird die Auswahl an qualifizierten Versicherungsberater*innen größer, die gezielt nach nachhaltigen Versicherungslösungen suchen.

www.transparente.de hat eine lange Historie in Sachen Nachhaltigkeit. Bereits seit 1996 bietet die transparente GmbH nachhaltige Altersvorsorgeprodukte und seit 2016 eine nachhaltige Berufsunfähigkeitsversicherung an. Initiiert wurde die Idee durch den Verein für alternative Versorgungskonzepte (VAV e. V.). Die angebotenen Tarife entstehen in Kooperation mit Versicherungsgesellschaften wie neue leben Lebensversicherung, Stuttgarter Lebensversicherung und Barmenia Lebensversicherung.

Nach eigener Aussage wird entsprechend den Empfehlungen des VAV e. V. ausschließlich in solche Wirtschaftsbereiche und Projekte investiert, die über eine solide und gesicherte wirtschaftliche Basis verfügen, sich dem Umweltschutz verschrieben haben und sich auf sozial und gesellschaftlich fortschrittliches Handeln fokussieren.

www.fibur.de ist ein weiterer Anbieter ethisch-ökologischer Versicherungen und seit mehr als zehn Jahren auf dem Markt. Der Gründer, Ben Urbanke, befasste sich während seines BWL- und VWL-Studiums mit den Auswirkungen von konventionellen Geldanlagen bei Versicherungen. Als Alternative zu transparente gründete er 2010 das Start-up Fibur und wurde im Jahr 2016 mit dem Innovationspreis des Nachhaltigkeitsrates der Bundesregierung ausgezeichnet. Die Beratungsleistung umfasst alle Schichten der Altersvorsorge, wie sie in einem der folgenden Abschnitte noch näher vorgestellt werden: Rürup, Riester, die betriebliche sowie die private Altersvorsorge.

www.bessergruen.de ist weder Anbieter von Versicherungen noch Versicherungsmakler. Die Plattform versteht sich als ein Marktplatz für nachhaltige Sachversicherungs- und Energieprodukte. In einem virtuellen Schaufenster können sich Unternehmen mit nachhaltigen Produkten präsentieren. Kund*innen sollen hier die Gewissheit haben, dass die monatlichen Beiträge in nachhaltige Kapitalanlagen investiert werden. Gleichzeitig werden nach eigenen Angaben pro Vertragsabschluss nachhaltige Projekte gefördert.

www.ver.de zäumt das Feld von hinten auf. Warum warten, bis sich die konventionellen Versicherungsgesellschaften zu mehr Nachhaltigkeit bewegen? Warum nicht direkt eine grüne Versicherungsgesellschaft gründen? »From zero to hero« also! Ver.de hat das Ziel, Deutschlands erste nachhaltige Versicherung zu werden, und will dabei nachhaltig, sozial, gemeinwohlorientiert, genossenschaftlich und transparent handeln. Über die Herausgabe von Genossenschaftsanteilen wird Eigenkapital eingesammelt, damit die Zulassung über die Finanzaufsichtsbehörde BaFin erfolgen kann. Denn nach Bundesgesetz darf eine Versicherung nicht von einer Genossenschaft betrieben werden.

Vielleicht sind Sie nach dieser kurzen Aufzählung ins Grübeln gekommen. Was tun, wenn die eigene Versicherung ganz offensichtlich noch nicht nachhaltig agiert und Sie selbst dadurch – ohne es zu wollen! – Teil des konventionellen Systems sind?

Nun, Sie sollten vor allem die Ruhe bewahren und keine übereilten Entscheidungen treffen. Alte Verträge können noch steuerliche Vergünstigungen beinhalten oder bessere Tarifausstattungen besitzen. Wie angesprochen, wird der »Green Deal« der EU eine Transformation des Versicherungsmarktes ins Rollen bringen. Das ist natürlich kein Grund, sich entspannt zurückzulehnen nach dem Motto »Der Markt wird es schon von alleine richten«.

Meine Empfehlung: Schreiben Sie Ihrem oder Ihrer Versicherungsberater*in, oder wenden Sie sich direkt an das Versicherungsunternehmen, und bitten Sie um eine Stellungnahme, welche Nachhaltigkeitsstrategie im Unternehmen besteht und wie diese über die nächsten Jahre weiter ausgebaut werden soll. Je mehr Menschen wie Sie und ich danach fragen, umso mehr bringen wir die Transformation voran.

Schulden tilgen

Es gibt viele verschiedene Arten von Schulden. Einige gängige Beispiele sind der Dispokredit, also ein in einem bestimmten Rahmen geduldetes Kontominus, oder Konsumkredite für Fernseher, Autos, Küchengeräte und vieles mehr.

Mit dem Schuldentilgen sind vorrangig diese Kredite gemeint, inklusive der 0-Prozent-Finanzierungen, die Ihnen den zinslosen Kauf auf Raten ermöglichen. Aber auch wenn Sie keine Zinsen zahlen, der Kauf auf Raten erhöht die monatliche Rate der Muss-Ausgaben und verringert so das monatliche Sparpotenzial. Daher ist es am besten, immer erst für Anschaffungen zu sparen, als die monatlichen Ausgaben durch

Kredite zu erhöhen. Immobilienfinanzierungen haben dagegen eine lange Laufzeit – auch »Zinsbindungsfrist« genannt – von in der Regel zwischen 10 bis 20 Jahren. Auch hier können schnellere Rückzahlungen über sogenannte Sondertilgungen erfolgen, also Rückzahlungen zusätzlich zur normalen monatlichen Darlehensrate. Hier ist es wichtig, die Gesamtlaufzeit im Blick zu behalten und auch das Risiko eines sich ändernden Zinssatzes. Denn in der Regel gilt ein vereinbarter Zins nur für einen Teil der Gesamtlaufzeit, die sogenannte Zinsbindungsfrist. Es besteht die Gefahr, dass die Zinsen während der Laufzeit ansteigen und damit auch die Rückzahlung des Kredits teurer wird und die Laufzeit sich verlängert. Derzeit sind die Finanzierungszinsen zwar historisch niedrig, und Kredite sind deshalb vermeintlich günstiger, aber niemand weiß, wann das Zinsniveau wieder ansteigt.

Altersvorsorge aufbauen

Sparen fürs Alter? So manche*r fragt sich, was das bringen soll. Es gibt doch die gesetzliche Rente, die reicht! Dieses Gerücht hält sich hartnäckig, nicht zuletzt durch die wohl bekannteste Aussage des damaligen Sozial- und Arbeitsministers Norbert Blüm: »Die Rente ist sicher!«

In den letzten Jahrzehnten gab es jedoch zahlreiche Umstellungen und Anpassungen der gesetzlichen Rentenversicherung. Der Grund? Immer weniger Rentenbeitragszahler*innen finanzieren eine immer größer werdende Anzahl an Rentnern. Denn was oftmals nicht gesehen wird, ist, dass unser gesetzliches Rentensystem nicht auf einem Kapitaldeckungs-, sondern auf einem Umlageverfahren fußt.[10] Das heißt vereinfacht: Die monatlichen Einzahlungen von Millionen von Erwerbstätigen in die Rentenkasse werden nirgends angespart und verzinst. Stattdessen fließen sie direkt als Rentenzahlungen an die heutigen Rentner*innen. Bei diesem Generationenvertrag vertrauen die heutigen Erwerbstätigen darauf, dass die nachfolgenden Generationen die Rente in der gleichen Weise finanzieren.

Was das Ganze schwierig macht, sind der medizinische Fortschritt und die damit einhergehende längere Lebenserwartung der Bevölkerung. Und als wäre das allein für das Rentensystem nicht schon Belastung genug, sinkt auch noch die Geburtenrate in Deutschland und in den Ländern des globalen Nordens. Mehr Rentenbezieher*innen und weniger Einzahler*innen – das bringt das ausgeklügelte Rentensystem in Schieflage.

Die Folgen sind unausweichlich: Das Rentenniveau, also der Zusammenhang zwischen dem heutigen durchschnittlichen Einkommen eines Arbeitenden und der Höhe der Rente, muss stetig gesenkt und das Renteneintrittsalter gleichzeitig erhöht werden. Somit gewinnt die Eigenvorsorge des Einzelnen immer mehr an Bedeutung. Sehr ärgerlich ist, dass das Thema finanzielle Bildung nach wie vor kein Teil des Lehrplans im Schulunterricht ist und das Problem zusätzlich verstärkt.

In der Finanzberatung spricht man häufig von den drei Schichten der Altersvorsorge. Doch was genau stellen sie im Einzelnen dar? Stellen Sie sich dafür am besten ein optimales Wanderoutfit vor, den berühmten Zwiebellook. Die verschiedenen Schichten sind perfekt aufeinander abgestimmt und bilden eine Einheit. Optimale Luftzirkulation, ohne dass wir schwitzen oder frieren. Schauen wir uns also einmal genauer an, welche Schichten uns trocken und gut gelüftet ins Alter bringen.

Erste Schicht: Basisvorsorge

Diese erste Schicht beinhaltet die eben beschriebene gesetzliche Rentenversicherung, die berufsständischen Versorgungen wie zum Beispiel für Ärzt*innen oder Rechtsanwält*innen sowie die Beamt*innenversorgung. Wie das Wort »Basisvorsorge« bereits erahnen lässt, handelt es sich hier um eine Grundversorgung im Alter. Bei dieser Vorsorgeart können keine Einmalbeträge beziehungsweise Gesamtbeträge ausgezahlt werden, sondern es wird eine lebenslange Rente überwiesen. Außerdem können diese Verträge nicht gekündigt, nicht für Kredite beliehen und nur eingeschränkt vererbt werden. Eine Auszahlung einer Rente im Todesfall ist anders als bei Lebensversicherungen oder privaten Rentenversicherungen (dritte Schicht) oft nur an Ehepartner*in oder kindergeldberechtigte Kinder möglich.

Zur ersten Schicht gehört ebenfalls die Basisrentenversicherung, auch »Rürup-Rente« genannt, nach dem Ökonomen

Bert Rürup. Diese Form der steuerlich begünstigten Altersvorsorge wurde 2005 für die Zielgruppe der Selbstständigen und gut verdienenden Angestellten eingeführt. Es können hier Jahr für Jahr hohe Beträge eingezahlt und steuerlich abgesetzt werden. Im Jahr 2021 liegt die maximal absetzbare Summe für Rürup bei 23.724 Euro für ledige Menschen – bei Verheirateten gilt die doppelte Summe. Sie wird bis 2025 noch weiter ansteigen. Im Gegenzug müssen im Rentenalter die monatlichen Rentenzahlungen als Einnahmen voll versteuert werden.

Zweite Schicht: Staatlich geförderte Altersvorsorge

Diese Schicht der Altersvorsorge beinhaltet die betriebliche Altersvorsorge (bAV) sowie die Riester-Rente.

Fangen wir mit der betrieblichen Altersvorsorge an: Mit circa 90 Prozent ist die überwiegende Anzahl an Erwerbstätigen in Deutschland im Angestelltenverhältnis tätig. Jede*r Arbeitnehmer*in hat seit 2002 einen gesetzlichen Anspruch auf eine betriebliche Altersvorsorge in Form der Gehaltsumwandlung. Das heißt, dass Sie entscheiden können, einen Teil Ihres Bruttogehaltes in einem betrieblichen Altersvorsorgevertrag zu sparen. Hier ist der Vorteil, dass die Beiträge vor Abzug von Steuern und Sozialversicherungsbeiträgen – auf Basis des Bruttogehalts also – in den Vertrag eingezahlt werden. Das ist vorteilhaft, denn so ist der Einzahlungsbetrag höher, und Arbeitnehmer*innen und Arbeitgeber*innen zahlen weniger

Sozialversicherungsbeiträge. Außerdem werden diese Verträge seit 2019 mit 15 Prozent vom Arbeitgeber bezuschusst; für ältere beziehungsweise bereits bestehende Verträge gilt der Pflichtzuschuss ab 2022.

Der Namensgeber der Riester-Rente ist der ehemalige Bundesminister für Arbeit und Sozialordnung Walter Riester. Im Jahr 2001 wurde diese Vorsorgeart eingeführt sowie das Altersvermögensergänzungsgesetz. Dieses Gesetz soll die Beiträge zur gesetzlichen Rentenversicherung stabilisieren, indem das Rentenniveau stufenweise abgesenkt wird. In der ursprünglichen Idee sollte die Riester-Rente eine ergänzende Altersvorsorge für die breite Bevölkerung seinw, um genau diese entstandene Rentenlücke der gesetzlichen Vorsorge zu schließen.

Dadurch, dass diese neue Form der Altersvorsorge nie obligatorisch war, entstand bei vielen Menschen allerdings der Eindruck, dass keine Notwendigkeit der zusätzlichen privaten Vorsorge bestünde. Ein weiteres Problem: Die Berechnung des Mindestbeitrages und die Beantragung der staatlichen Zulagen gestalteten sich relativ kompliziert. Die stetige Reduzierung des Leitzinses durch die Europäische Zentralbank von 4,25 Prozent im Juli 2008 auf mittlerweile 0,00 Prozent seit 2016 war ebenfalls nicht förderlich für die Riester-Rente, vor allem nicht für die klassischen Tarife. Darunter versteht man Versicherungstarife, bei denen die Beiträge nicht in Aktienfonds investiert werden, sondern in sichere und konservative Anlagen. Diese sind wiederum vom Leitzins abhängig.

Dass das so ist, liegt an einem Konstruktionsfehler. Ursprünglich wollte man ein möglichst sicheres Produkt schaffen, denn in der deutschen Bevölkerung herrscht im Allgemeinen ein großes Sicherheitsbedürfnis. Wertpapiere gelten landläufig als Zockerpapiere, und viele deutsche Sparer*innen meiden die Börse wie der Teufel das Weihwasser.

Deshalb wurde die Riester-Rente so konzipiert, dass die eingezahlten Beiträge sowie die staatlichen Zulagen zum Renteneintritt von dem jeweiligen Anbieter garantiert werden müssen – so schreibt es der Gesetzgeber vor. Somit ist der Anteil, der zum Beispiel in offensive Investmentfonds investiert werden kann, verhältnismäßig gering.

Vor 20 Jahren konnte niemand das heutige sehr niedrige Zinsniveau erahnen. So drehte sich der angedachte Vorteil der Riester-Verträge ins Gegenteil, der zusätzliche und risikoarme Altersvorsorgebaustein fand keinen rechten Anklang. Denn was auch noch dazukommt: Das Riester-Sparen ist teuer. Die Bürgerbewegung Finanzwende hat ermittelt, dass nahezu jeder vierte eingezahlte Euro für die Kosten der Verträge draufgeht.

Alles in allem steht die Riester-Rente seit Jahren in der Kritik. Bis zu den Bundestagswahlen im September 2021 ist nicht mehr mit einer Reform der staatlich geförderten Altersvorsorge zu rechnen. Knackpunkt in den Beratungen zwischen Politik und Versicherungswirtschaft ist die Absenkung der Beitragsgarantie, um einen höheren Investitionsbetrag in

Aktienfonds zu ermöglichen. Des Weiteren bestehen unterschiedliche Vorstellungen zur Vereinfachung von Riester-Sparverträgen, und auch die Frage, ob Selbstständigen ein Zugang zu Riester ermöglicht werden soll, ist umstritten. Die Ergebnisse werden zeigen, ob eine sinnvolle Modernisierung der Riester-Rente gelingt.

Bleibt noch die Frage nach der Besteuerung im Rentenalter. Auch hier gilt: Wer in der Ansparphase eine steuerliche Förderung erhält, muss mit der vollen nachgelagerten Besteuerung in der Rentenphase rechnen, dann zum jeweils gültigen individuellen Steuersatz.

Dritte Schicht: Private Vorsorge

Die dritte Schicht der Altersvorsorge ist für jeden zugänglich. Zu ihr gehören private Rentenversicherungen sowie eine breite Fülle an weiteren Anlagemöglichkeiten wie zum Beispiel Aktien, Investmentfonds oder Exchange Traded Funds, kurz: ETFs. Eine detaillierte Auflistung der verschiedenen Anlageklassen finden Sie im nächsten Kapitel.

Bei privaten Rentenversicherungen sollte man die 12/62-Regel einhalten, das heißt, der Vertrag muss eine Mindestlaufzeit von 12 Jahren haben, und man sollte bei der Auszahlung mindestens 62 Jahre alt sein, damit nur die Hälfte der Erträge versteuert werden muss. Die Auszahlungen sind als monatliche lebenslange Rente oder als Einmalauszahlung wählbar. Die Einzahlungen in den Altersvorsorgevertrag erfolgen in der Regel aus dem Nettogehalt und können nicht gesondert steuerlich abgesetzt werden. Daher ist die Besteuerung der Rente niedriger als bei den anderen beiden Schichten.

Bei einem Investmentdepot, also einer Investition in Aktien, Fonds oder ETFs, ist man nicht von Vertragslaufzeiten abhängig und kann nach Belieben Ein- und Auszahlungen tätigen. Die Wertentwicklung des Depots ist abhängig von den aktuellen Börsenkursen. Realisierte Kursgewinne, also die Gewinne, die durch Verkäufe erzielt worden sind, unterliegen maßgeblich der Abgeltungssteuer.

Gut zu wissen: Die Produkte aus dieser dritten Schicht können beliebig vererbt werden.

Nach diesem umfangreichen Kapitel fragen Sie sich wahrscheinlich: Welche Zusammenstellung der möglichen Altersvorsorgeverträge ist für mich die richtige? Das hängt von Ihrem beruflichen Status (angestellt, selbstständig, Familienarbeit), dem Wunsch nach staatlicher Förderung und der bevorzugten Anlageform ab. Je nachdem, wo wir gerade im Leben stehen, wird für den einen der Aufbau einer Liquiditätsreserve vorrangig wichtig sein und für die andere eine ergänzende Altersvorsorge zu den bestehenden Bausteinen. In gewisser Weise handelt es sich dabei aber trotzdem nur um Momentaufnahmen. Unsere Lebenswege ändern sich mit den Jahren genauso wie unsere Erwerbsbiografie. Dieser Weitblick sollte bei der Entscheidungsfindung eine Rolle spielen.

So bestimmen Sie, wie Sie Ihr Wanderoutfit im Zwiebellook zusammenstellen und welche Schichten eben etwas dicker oder dünner ausfallen.

Grundsätzlich kann festgehalten werden: Egal ob konventionell oder nachhaltig – die Basics der Finanzplanung bleiben immer gleich! Der Vorteil an nachhaltigem Handeln ist, dass wir unsere finanziellen Ziele schneller erreichen, wenn wir weniger und bewusster konsumieren. Wir schützen die Umwelt und haben mehr Geld zur Verfügung, um für die Reserve zu sparen oder für das Alter vorzusorgen.

ETAPPENZIEL

Jetzt mal Hand aufs Herz: Wie sieht es bei Ihnen mit den fünf Schritten der Finanzplanung aus? Welche Schulnote würden Sie sich selbst geben, wenn es um den aktuellen Stand in Sachen Kassensturz und Co. geht, und was gibt es aus Ihrer Sicht noch zu tun?

Fünf Schritte der Finanzplanung

I Kassensturz machen
II Liquiditätsreserve bilden
III Risiken kennen und absichern
IV Schulden tilgen
V Altervorsorge aufbauen

CROWD
INVESTING
Schwere Route
OIL
AKTIE
Mittelschwere Route
VERSICHERUNG
FONDS
Leichte Route
SPAR-
BUCH

Viertes Kapitel

Anlageklassen und Anlagehorizont

Wie wichtig Vorbereitungen sind, haben wir im letzten Kapitel sehen können. Eine Liquiditätsreserve bilden, Schulden abbauen und die verschiedenen Schichten der Altersvorsorge kennen – das alles sind Bausteine, die uns Sicherheit auf dem finanziellen Lebensweg geben. Gerade bei der Vermögensbildung bieten sich schier unendliche Möglichkeiten. Beim Wandern ist das ähnlich: Wählen wir eine einfache Route, die entspannt und ohne große Anstrengung zum Ziel führt? Oder lieber eine anspruchsvolle Route, die mühsamer ist, uns mehr Aufmerksamkeit abverlangt, aber uns mit einer fantastischen neuen Aussicht belohnt?

Gerne möchte ich dieses Bild auf die verschiedenen Anlageklassen bei der Geldanlage übertragen. Aber was ist eine Anlageklasse? Darunter versteht man eine Gruppe von Geldanlagen beziehungsweise Wertpapieren mit unterschiedlichen Risikomerkmalen und, damit verbunden, mit unterschiedlichen Renditepotenzialen. Renditepotenziale bedeutet in diesem Zusammenhang, mit wie viel Ertrag oder Rendite Sie bei einer bestimmten Laufzeit rechnen dürfen. Die Rendite wird immer in Prozent angegeben und meistens bezogen auf ein Jahr. Daher findet man die Abkürzung p. a., also per annum, im Zusammenhang mit der ausgewiesenen Rendite, um diese mit anderen jährlichen Renditen zu vergleichen.

Anlageklassen werden häufig auch »Assetklassen« genannt, nach dem englischen Begriff »Asset« für Vermögenswert. Die Einteilung von Vermögenswerten in verschiedene Assetklassen gilt sowohl für konventionelle als auch für nachhaltige Geldanlagen.

Nachfolgend stelle ich Ihnen die gängigsten Anlageklassen vor, und zwar beginnend mit dem geringsten Risiko und, damit einhergehend, der niedrigsten Rendite.

Sparkonto, Tagesgeldkonto, Festgeldkonto

Vorbei sind die Zeiten, in denen wir stressfrei und risikolos eine attraktive Verzinsung erzielen konnten. Ob man sein Geld für einen bestimmten Zeitraum »fest« anlegte, das Geld in der Regel also für eine vereinbarte Zeit nicht abrufbar war, oder es auf einem Tagesgeldkonto parkte, wo es täglich verfügbar ist, aber weniger Rendite einbringt – in der Regel rechnete es sich für Sparer und Sparerinnen. Vor zehn Jahren waren Festgelder mit fünf Prozent Zinsen pro Jahr keine Seltenheit. Eine schleichende Geldentwertung über die Inflationsrate war deshalb kein ernst zu nehmendes Thema. Den ansteigenden Preisen und damit dem geringeren Wert des Geldes stand ein höherer Wertzuwachs in Form von Zinsen gegenüber. Wenn Sie zum Beispiel 100 Euro anlegten, hatten diese 100 Euro am Ende des Jahres durch die Inflation vielleicht nur noch eine Kaufkraft von 98 Euro. Aber gleichzeitig hatten Sie am Jahresende Zinsen in Höhe von fünf Euro erwirtschaftet. Also wurde die schwindende Kaufkraft nicht nur aufgewogen, sondern Ihr eingesetztes Kapital bekam einen effektiven Wertzuwachs. Und dieses Gefühl, hohe Sicherheit und ausreichende Rendite, hat sich trotz der veränderten Gesamtsituation in die heutige Zeit gerettet.

In Deutschland lieben Sparer*innen diese Anlageklasse geradezu. Nach einer aktuellen Studie der DZ Bank hat das Sparvermögen der deutschen Haushalte während der Corona-Pandemie sogar einen neuen Höchststand erreicht: Mehr als sieben Billionen Euro sind auf Tagesgeld-, Spar- und Festgeldkonten »geparkt«. Eine Zahl mit unvorstellbaren zwölf Nullen. Allerdings sollte man diese Anlageart am besten wirklich nur dafür nutzen, die eigene Liquiditätsreserve aufzubauen und zu verwahren.

Lebens- und Rentenversicherung

Als ich meine Bankausbildung vor mehr als zwanzig Jahren begann, waren die beliebtesten Altersvorsorgeprodukte klassische Lebens- und Rentenversicherungen. Lassen Sie mich kurz erklären, wie diese Produkte aufgebaut sind und wie sie funktionieren.

Eine Lebensversicherung wird auch »Kapitallebensversicherung« genannt, weil neben der Bildung von Kapital fürs Alter auch ein Hinterbliebenenschutz enthalten ist: Der greift beim vorzeitigen Ableben vor dem Eintritt in die Rente. Die Summe wird beim Abschluss des Vertrages festgelegt und dient zum Beispiel dazu, den oder die überlebende*n Partner*in und die Kinder finanziell abzusichern. Rentenversicherungen dagegen sind Altersvorsorgeverträge, in die man wie in Lebensversicherungen monatlich einzahlt. Ab dem bei Vertragsabschluss vereinbarten Auszahlungstermin wird das angesparte Geld entweder einmalig komplett ausgezahlt, oder die Auszahlung erfolgt in Form einer lebenslangen monatlichen Rente. Diese Rente wird übrigens so lange gezahlt, wie man lebt. Es gibt keine vorzeitige Beendigung der Auszahlung.

Ich hatte es bereits kurz im Kapitel »Planung« bei der Absicherung von Risiken erwähnt: Bei beiden Versicherungsarten können zusätzliche Risikobausteine wie die Absicherung von Berufsunfähigkeit, Unfall oder Pflege integriert werden. Jedes Risiko, das zusätzlich abgesichert wird, erfordert die wahrheitsgemäße Beantwortung von Gesundheitsfragen. Der monatliche Beitrag, der in diese Versicherungsarten eingezahlt wird, teilt sich demnach in einen Sparanteil und einen Risikoabsicherungsteil auf. Es kann also durchaus sinnvoller sein, Risiken wie Berufsunfähigkeit, Invalidität oder Pflegebedürftigkeit über reine Risikoversicherungen abzusichern und kapitalbildende Versicherungen ausschließlich für die Kapitalbildung zu nutzen. Denn einmal gewählte Vertragskombinationen sind meist nicht mehr während der Laufzeit veränderbar.

Bei klassischen Tarifen werden die Beiträge von der Versicherungsgesellschaft selbst investiert, und zwar in das sogenannte Sicherungsvermögen. Dieses Sondervermögen in der Versicherungsbranche wird von jeder Versicherungsgesellschaft getrennt vom anderen Vermögen verwaltet. Die Überwachung beziehungsweise Aufsicht des Sicherungsvermögens übernimmt die Bundesanstalt für Finanzdienstleistungsaufsicht (BaFin).

Ganz anders ist das bei fondsgebundenen Tarifen bei Lebens- und Rentenversicherungen. Hier überlassen Sie die Investition Ihrer Beiträge nicht der Versicherungsgesellschaft, sondern können die Fondsauswahl selbst vornehmen. Oft stehen gemanagte Fondsportfolios zur Auswahl, also eine Vorabauswahl an Fonds mit unterschiedlichen Aktienquoten oder Investitionsschwerpunkten wie einem speziellen nachhaltigen Portfolio.

Dass die klassischen Tarife so beliebt waren, liegt daran, dass sie neben großer Sicherheit über einen sogenannten Garantiezins auch eine vernünftige Rendite boten. Der Garantiezins lag im Jahr 2000 noch bei attraktiven vier Prozent pro Jahr. Hinzu kam die Beteiligung an Überschüssen der Versicherungsgesellschaften. Für diese Überschussbeteiligung bestehen gesetzliche Vorgaben, die ebenfalls von der staatlichen Aufsicht überwacht werden. Vor zwei Jahrzehnten lagen die gängigsten Hochrechnungen zur Wertentwicklung der Versicherungen für diese Überschüsse zwischen 4 und 8 Prozent pro Jahr. Mit solchen Prognosen wagte man es als Verbraucher*in selten, alternativ selbst in vermeintlich risikoreiche Anlageklassen wie Aktien oder Aktienfonds zu investieren. Im Jahr 2019 lag die durchschnittliche Überschussbeteiligung der Lebens- und Rentenversicherungen jedoch nur noch bei 2,41 Prozent, Tendenz fallend. Das Ende des Niedrigzinsniveaus ist, wie bereits erwähnt, nicht in Sicht, und somit zählt die Finanzstärke der einzelnen Versicherungsunternehmen heutzutage umso mehr. Denn die Vertragslaufzeiten von Lebens- und Rentenversicherung erstrecken sich meist über Jahrzehnte. Da möchte man sich als Kund*in auf einen Anbieter verlassen können, der mit diesen schwierigen Marktbedingungen zurechtkommt und über den langen Zeitraum finanziell fit bleibt und nicht in Konkurs geht. Mein Tipp: Erfragen Sie vor Abschluss einer Versicherung die Ratingergebnisse des Anbieters. Es gibt verschiedene Ratingagenturen, die diese

Finanzstärke regelmäßig untersuchen. In Deutschland ist zum Beispiel Assekurata die erste Ratingagentur, die sich auf die Qualitätsbeurteilung von Versicherungsunternehmen aus Kundensicht spezialisiert hat.

(Offene) Immobilienfonds

Wenn Sie in Gewerbe- und Büroimmobilien investieren möchten, dann stehen Ihnen dafür Immobilienfonds zu Verfügung. Diese Anlageform erwirtschaftet ihre Rendite vorrangig durch Mieteinnahmen und Gewinne aus Immobilienverkäufen.

Wenn Sie sich mit dem Thema beschäftigen, werden Sie auf die Begriffe »offene« oder »geschlossene Immobilienfonds« stoßen. Lassen Sie mich Ihnen den Unterschied erklären.

Geschlossene Fonds werden auch als »Sachwertbeteiligungen« bezeichnet, weil neben Immobilien auch in andere Sachwerte wie Wind- und Solarparks oder Infrastrukturprojekte investiert werden kann. Wenn genügend Kapital für die Investition eingesammelt wurde, wird der Fonds geschlossen, und es können keine weiteren Investor*innen einsteigen. Bildlich gesprochen, ist es wie eine Fernreise mit dem Bus. Sobald man als Investor*in eingestiegen ist, fährt der Bus bis zum Ziel durch. Der Unterschied zur Fahrt mit FlixBus und Co.: Sie schießen das Geld für Ihre Reise vor, erhalten dafür während der Fahrt regelmäßig Ausschüttungen und am Ende Ihr Geld zurück. Im Idealfall. Wenn Sie Pech haben, hat der Bus eine

Panne, die nicht behoben werden kann. Dann bekommen Sie weder Ausschüttungen noch Geld zurück. Bei geschlossenen Fonds sind alle Mitreisenden auch gleichzeitig Miteigentümer*innen und verfügen über Rechte und Pflichten, dürfen bei Entscheidungen mit abstimmen und sind an Gewinnen und Verlusten beteiligt. An der Börse sind solche geschlossenen Fonds übrigens nicht handelbar.

Offene Immobilienfonds dagegen sind Investmentfondsanteile, die jederzeit erworben und unter Einhaltung einer Halte- und Kündigungsfrist wieder zurückgegeben werden können. Also eher vergleichbar mit einem öffentlichen Bus, der an zahlreichen Haltestellen hält und laufend Investor*innen ein- und wieder aussteigen lässt. Die Anzahl der ausgegebenen Investmentfondsanteile ist nicht limitiert, sodass bei größeren Liquiditätszuflüssen durch neue Anleger*innen entsprechend neue Anteile jederzeit herausgegeben werden können. Dazu ein kurzes Rechenbeispiel: Die Anzahl Ihrer Fondsanteile steigt, wenn Sie zusätzliche Käufe tätigen. Das heißt, wenn Sie schon 10 Fondsanteile haben und ein Fondsanteil 100 Euro kostet, dann können Sie für 50 Euro einen halben Anteil kaufen und haben dann 10,5 Fondsanteile. Der Wert eines Fondsanteils wird täglich neu berechnet und nennt sich »NAV« – also Nettoinventarwert oder auf Englisch »Net Asset Value«. Dieser Wert ergibt sich aus der Addition aller im Fonds befindlichen Vermögenswerte abzüglich aller Verbindlichkeiten inklusive Kosten.

Bereits mit kleineren Geldbeträgen kann man sich an einem breit gestreuten Immobilienportfolio beteiligen. Die Rendite dieser Anlageart stammt zum größten Teil aus den laufenden Mieterträgen, dazu kommen noch Zinserträge der festverzinslichen Anlagen und Gewinne aus gelegentlichen Immobilienverkäufen innerhalb des Fonds. In der Praxis sieht das dann so aus, dass auf jeden Anteil ein bestimmter kumulierter Ertrag entfällt, der dann jährlich zu einem bestimmten Zeitpunkt ausgeschüttet wird.

Grundstücke und Immobilien werden nicht direkt an der Börse gehandelt, daher müssen diese in regelmäßigen Zeitabständen von unabhängigen Gutachtern bewertet werden. Im besten Fall wird das Portfolio aufgewertet, und im schlechtesten Fall muss danach eine Korrektur des Immobilienportfolios vorgenommen werden. Im Fall einer Korrektur sinkt dann natürlich auch der Wert der Anteile.

Offene Immobilienfonds legen die Anlagebeträge vorwiegend in Büros und Praxen sowie im Handel und in der Gastronomie an. Etwa 65 Prozent der Immobilien sind nicht älter als 15 Jahre, knapp 70 Prozent der Immobilien sind in Europa und davon etwas über 35 Prozent in Deutschland.[11] Inwiefern sich die Corona-Pandemie noch auf die Bewertungen der Immobilienportfolios auswirken wird, darüber kann man im Moment nur spekulieren. Entscheidend wird sein, ob der Bedarf an Büroflächen sinkt, weil vielleicht immer mehr Menschen dauerhaft von zu Hause aus arbeiten. Und auch die Geschwindigkeit der wirtschaftlichen Erholung von Einzelhandel und Gastronomie nach der Corona-Pandemie wird sicher einen Einfluss haben.

Eine Frage, die in diesem Buch natürlich nicht fehlen darf, lautet im Zusammenhang mit Immobilienfonds: Wie nachhaltig sind sie überhaupt, und wie kann Nachhaltigkeit in dieser Anlageklasse gemessen werden? Hier kommen Zertifizierungen, sogenannte Green-Building-Zertifikate, ins Spiel. Solche Zertifikate werden von verschiedenen Anbietern erteilt. In Deutschland gibt es zum Beispiel die Deutsche Gesellschaft für Nachhaltiges Bauen, die das DGNB-Zertifikat vergibt. Andere gängige Zertifikate sind HQE, BREEAM oder LEED.[12]

Grundsätzlich bieten Zertifizierungen eine gute Orientierung und eine gewisse Vergleichbarkeit. Sie berücksichtigen Kriterien wie die Nutzung und Erzeugung von erneuerbaren Energien, die durchschnittliche Entfernung der Immobilien zum öffentlichen Personennahverkehr, die CO_2-Emissionen, den Energieverbrauch, die Baumaterialien bei Neubauten sowie den Wasserverbrauch.

Die Nachfrage nach Zertifizierungen seitens der Mieter*innen und Investor*innen steigt stetig. Das liegt nicht zuletzt daran, dass es immer wichtiger wird, Mietnebenkosten (Heizung, Strom und Wasser) zu reduzieren. Außerdem müssen Investor*innen die Nachhaltigkeit ihren Anleger*innen gegenüber immer mehr dokumentieren.

Doch Vorsicht: Äpfel dürfen nicht mit Birnen verglichen werden. Jedes Immobilienportfolio beinhaltet sehr unterschiedliche Objekte in Hinblick auf das Alter der Gebäude und die Frage, wie diese genutzt werden und an welchen Standorten sie stehen. Eine Immobilie kann auch ohne Zertifizierung nachhaltig sein. Außerdem sind die Bewertungskriterien der Anbieter von Zertifizierungen ebenfalls unterschiedlich.

Spannend ist, dass die ersten Fondsgesellschaften vermehrt darauf achten, an welche Firmen sie vermieten und welche Mietverträge wiederum nicht verlängert werden. Die Fondsgesellschaft Union Investment Real Estate ist sich der Reputationsrisiken bewusst. Eine Neuvermietung oder Verlängerung eines bestehenden Mietvertrages erfolgt zum Beispiel nicht an Firmen, die im Bereich kontroverser Waffen tätig oder zu mehr als 30 Prozent an der Förderung von Kohle beteiligt sind.

Der Wandel vom gern verwendeten Begriff »Betongold« zu grünen Immobilieninvestments ist allerdings noch recht neu: Er begann erst im letzten Jahrzehnt. Mittlerweile werden aber immerhin schon circa 53 Prozent der Immobilienfonds als nachhaltig deklariert.

Mein Tipp: Fragen Sie auch hier im Beratungsgespräch nach der Zertifizierung der angebotenen Produkte. Lassen Sie sich die verwendete Zertifizierungsmethode anhand von konkreten Objekten im Portfolio erklären. Je mehr wir nachfragen, umso schneller bewegen wir Anbieter zu mehr Transparenz.

Falls Sie sich für diese Anlageform interessieren, die größten Anbieter von offenen Immobilienfonds sind Deka, Union Investment, DWS und Commerz Real.[13]

Klimakiller Immobilien?

Wussten Sie, dass Immobilien für 40 Prozent der weltweiten jährlichen CO_2-Emissionen verantwortlich sind?[14] Auch wenn die großen, unbeweglichen und eher clean anmutenden Gebäude zunächst unverdächtig wirken: Ein großer Teil des ökologischen Fußabdrucks entsteht bereits vor dem Einzug, nämlich beim Bau und bei der Herstellung.[15] Bei der Erzeugung von Baumaterialien (Beton, Stahl und Aluminium) entsteht ein Großteil der CO_2-Emissionen. 70 Prozent der nicht fossilen Rohstoffe, die wir der Erde entnehmen, werden für das Bauen verwendet.[16]

Dazu kommt die Flächenversiegelung. Wo vorher Regenwasser versickern konnte und Pflanzen wuchsen, ist jetzt Beton. Und am Ende des Lebenszyklus eines Gebäudes steht meistens der Abriss an. Die wertvollen Baumaterialien werden zu Bauabfällen und verursachen damit circa 60 Prozent des Abfallaufkommens in Deutschland. Die Bewegung Architects for Future fordert daher einen nachhaltigen Wandel der Baubranche. Dabei geht es um eine intelligente Nutzung von bestehenden Gebäuden – Umgestaltung und Umbau statt Abriss, wie ein sehr gelungener Umbau der Zentrale der Nichtregierungsorganisation Cradle to Cradle in Berlin-Lichtenberg bewiesen hat. Vertikale Verdichtungen von Wohnhäusern und Dachausbauten sind klimafreundlicher als die horizontale Ausbreitung und Neuversiegelung von wichtigen Ausgleichsflächen – gerade in Städten. Bedingt durch die anhaltende Pandemie und das zunehmende digitale Kaufverhalten von Verbraucher*innen, sollten zudem Gewerbeflächen zweckentfremdet werden dürfen, um Leerstände vor allem in Innenstädten zu verhindern.

Rentenpapiere und Anleihen

»Rentenpapiere« – dieser Begriff leitet im ersten Moment vielleicht in die Irre. Er hat nichts mit Dokumenten zu tun, auf deren Basis Ihnen die Rente ausgezahlt wird, sondern steht für festverzinsliche Wertpapiere, die es in ihrer häufigsten Ausgestaltung als Staats- oder Unternehmensanleihen gibt. Die Funktionsweise ist ziemlich simpel: Ein*e Anleger*in leiht einem Staat oder einem Unternehmen Geld und erhält dafür (jährlich) Zinsen. Am Ende der vereinbarten Laufzeit erhält der/die Anleger*in in der Regel sein geliehenes Geld zurück. Neben Staats- und Unternehmensanleihen gibt es weitere Arten von Anleihen wie Bundeswertpapiere, Fremdwährungsanleihen, Pfandbriefe, Bankschuldverschreibungen und Greenbonds.

Greenbonds sind grüne Anleihen: festverzinsliche Wertpapiere, die seit 2007 am Markt gehandelt werden. Das eingesammelte Geld der Investor*innen muss in konkrete Umwelt- und Energieprojekte fließen, die zu einem klimafreundlichen Umbau der Wirtschaft beitragen sollen. Gemäß einem Bericht des gemeinnützigen Verbandes Climate Bonds Initiative (CBI) waren die USA 2020 der größte Markt für Greenbonds mit einem Volumen von mehr als 51 Milliarden USD. Auf den Plätzen zwei und drei folgten Deutschland mit über 40 Milliarden und Frankreich mit über 32 Milliarden USD.[17]

Grundsätzlich haben Rentenpapiere eine feste Laufzeit und einen festgelegten Zinssatz. Je länger eine festgelegte Laufzeit, umso höher liegt meist der vereinbarte Zinssatz. Jede Anleihe hat eine eigene Wertpapierkennnummer und kann über die Hausbank oder einen Onlinebroker gehandelt werden. Sie wird im eigenen Wertpapierdepot verwahrt. Zinsausschüttungen und die Rückzahlung des eingesetzten Kapitals erfolgen automatisch über diese Verwahrstelle. Was das Risiko der einzelnen Anleihen angeht, so können Sie sich als Faustregel merken: je höher der angegebene Zinssatz, umso riskanter die Anleihe.

Zusätzlich vergeben Ratingagenturen wie Standard & Poor's, Fitch oder Moody's Bewertungen, die Ihnen als Orientierungshilfe dienen können. Sie erhalten so einen Eindruck von der Bonität des Anleiheemittenten, seiner Kreditwürdigkeit also. Die Skala des Ratingcodes wird mit Buchstaben ausgedrückt: AAA steht für die höchstmögliche Bonität, D ist gleichbedeutend mit einem Ausfall der Rückzahlung.

Da sich dieses Buch vorwiegend an Einsteiger*innen richtet, möchte ich darauf verzichten, alle Ausgestaltungsformen von festverzinslichen Wertpapieren zu erläutern, sondern möchte auf eine sinnvolle Alternative eingehen: Rentenfonds.

Rentenfonds

Wenn Sie in festverzinsliche Wertpapiere investieren möchten, sind Rentenfonds dafür eine gute Möglichkeit. Der Vorteil: Die Auswahl der einzelnen Wertpapiere übernimmt ein*e Fondsmanager*in beziehungsweise eine Investmentgesellschaft. Dabei prüft der oder die Fondsmanager*in neben der Zinsentwicklung die Bonität der Emittenten, berücksichtigt mögliche Währungsrisiken und hat Veränderungen des Marktumfeldes im Blick. Das kann dazu führen, dass schwache Papiere verkauft und in bessere investiert werden. Generell wird das in einen Rentenfonds investierte Geld viel breiter gestreut, als wenn man selbst nur ein paar wenige Anleihen erwerben würde.

Hier kann man mit kleinen Beträgen ab 25 Euro im Monat Sparpläne einrichten und so Vermögensaufbau betreiben.

Was ist ein Investmentfonds?

Rentenfonds sind wie auch die noch folgenden Aktienfonds jeweils Investmentfonds. Solche Investmentfonds werden von Investmentgesellschaften – auch »Kapitalanlagegesellschaften« (KAG) genannt – herausgegeben. Beispiele für deutsche Investmentgesellschaften sind die DWS, Union Investment, Allianz Global Investors oder Deka. Anteile von offenen Fonds können jederzeit erworben oder wieder veräußert werden, und die gängigsten Investitionsmöglichkeiten sind Aktien, Renten (festverzinsliche Wertpapiere), Immobilien und Rohstoffe oder eine Mischung aus verschiedenen Anlageklassen, sogenannte Multi-Asset-Fonds. Je nachdem, in welche Anlageklasse investiert wird, erwirtschaftet der Investmentfonds seine Erträge über Zinszahlungen, Dividenden und Kursgewinne. Investmentfonds werden von einem oder einer Fondsmanager*in verwaltet, weshalb man in diesem Zusammenhang auch von »aktivem Management« spricht.

Aktien

Aktien stehen als Wertpapiere für einen Bruchteil des Eigentums einer Aktiengesellschaft (AG). Stellen Sie sich dafür am besten einen sehr großen Kuchen vor. Kaufen Sie Aktien, werden Sie zum/zur Aktionär*in und damit automatisch zum/zur Miteigentümer*in der Aktiengesellschaft. Als Aktionär*in besitzen Sie einen kleinen Anteil an dieser Aktiengesellschaft beziehungsweise gleichzeitig am Grundkapital – also ein kleines Kuchenstück (oder eher: ein paar Krümel). Jede AG gibt eine bestimmte Anzahl an Aktien heraus. Die meisten Aktien werden an der Börse gehandelt, und der Kurs der Aktie folgt – vereinfacht dargestellt – dem Prinzip von Angebot und Nachfrage. Die Aktie eines Unternehmens, das durch Produkte oder Dienstleistungen zukunftsträchtig erscheint, wird von Anleger*innen an der Börse nachgefragt. Dies führt dazu, dass der Aktienkurs durch vermehrte Käufe steigt. Der Börsenkurs einer Aktie hängt also einerseits vom Geschäftsmodell und vom wirtschaftlichen Erfolg der jeweiligen Aktiengesellschaft ab. Andererseits spielt die gesamtwirtschaftliche Lage ebenfalls eine Rolle. Während einer Weltwirtschaftskrise leiden in der Regel alle Branchen gleichermaßen. Ein zusätzliches Bonbon für Aktionär*innen ist die Zahlung einer jährlichen Dividende, denn so werden Sie als Aktionär*in am Erfolg des Unternehmens beteiligt. Ob und wie hoch diese Dividende ausfällt, wird jedes Jahr auf der Hauptversammlung bekannt gegeben. Jede Aktie besitzt ein Stimmrecht, das auf der jährlichen Hauptversammlung ausgeübt werden kann.

Ausübung von Stimmrechten

Gerade in der Nachhaltigkeitsdiskussion spielt die Ausübung von Stimmrechten auf der jährlichen Hauptversammlung eine bedeutende Rolle. Warum ist das so?
Auf der Hauptversammlung berichtet der Vorstand über das abgelaufene Geschäftsjahr und muss sich danach den Fragen der Aktionär*innen stellen. Hier können und sollen durchaus kritische Fragen gestellt werden, wie zum Beispiel zu den Zukunftsaussichten des Unternehmens. Welche Investitionen wurden für mehr Umweltschutz getätigt? Warum wurden verabredete Klimaziele verfehlt?
Um auf der Hauptversammlung dabei sein zu können, genügt es, eine Aktie des Unternehmens über eine Depotbank zu erwerben. Hier sollte man die Relation nicht vernachlässigen: Eine Aktiengesellschaft wie Volkswagen hat über 295.000 Stammaktien. Die Einflussmöglichkeiten werden demnach mit dem Besitz einer Aktie nicht sonderlich groß sein. Um als Kleinaktionär*in mehr Gehör zu finden, kann es sinnvoll sein, sich einer Interessengruppe von kritischen Aktionär*innen anzuschließen.

Wie bei den Rentenpapieren werde ich auch bei dieser Anlageklasse nicht weiter ins Detail gehen. Für Einsteiger*innen sind Einzelaktien weniger geeignet, da man eine große Anzahl an verschiedenen Aktien aus verschiedenen Branchen und Ländern erwerben sollte, um eine ausreichende Risikostreuung zu gewährleisten. Eine sinnvolle Alternative bieten Aktienfonds und Aktien-ETFs.

Aktienfonds und ETFs (Exchange Traded Funds)

Wie Rentenfonds sind auch Aktienfonds Investmentfonds. Sie sind ideale Anlageklassen für Einsteiger*innen. Als Alternative zu diesen aktiv gemanagten Investitionsmöglichkeiten gibt es außerdem passive Varianten, sogenannte Renten- oder Aktien-ETFs.

Ein ETF ist ein börsengehandelter Fonds und bildet einen Index nach wie den DAX, den EURO STOXX 50 oder den MSCI World. Ein Index besteht aus einer Anzahl von ausgewählten Werten wie Aktien und Anleihen und zeigt deren durchschnittliche Wertentwicklung. Gleichzeitig dienen Indizes als Vergleichsmaßstab für Fondsmanager*innen, um zu überprüfen, ob die ausgewählte Anlagestrategie erfolgreich ist.

Sehr prominente globale Indizes sind der MSCI World mit über 1600 börsengelisteten Unternehmen aus 23 Industrieländern, der S&P 500 als amerikanischer Leitindex mit den 500 größten börsengehandelten US-Unternehmen sowie der Nikkei 225 als japanischer Leitindex mit den größten 225 japanischen Unternehmen, die an der Tokioter Börse gehandelt werden.

Mittlerweile gibt es Tausende verschiedene Indizes, die mit ETFs nachgebildet werden. Hier wird kein aktives Management benötigt, denn wenn sich der Index verändert, wird automatisch und computergesteuert der bestehende ETF angepasst. Daher sind die internen Kosten deutlich niedriger. Vor allem deshalb haben ETFs in den letzten Jahren einen wahren Boom erlebt. Es wurde nämlich nachgewiesen, dass sie nicht nur günstiger sind, sondern oft auch bessere Renditen liefern: Die meisten aktiven Fonds haben sich langfristig schlechter als der Markt (und damit als die den Markt abbildenden) ETFs entwickelt, das teurere aktive Management rechnet sich in diesem Fall nicht. Es gibt weltweit circa 7.000 ETFs mit einem Volumen von mehr als sechs Billionen US-Dollar. Auf der elektronischen Handelsplattform Xetra der Deutschen Börse können mehr als 1.500 ETFs gehandelt werden. Die Neuinvestitionen in ETFs sowie andere börsengehandelte Produkte (ETPs) erreichen laufend neue Höchststände. 2020 waren es sage und schreibe 756 Milliarden USD frisches Kapital.

ETFs gibt es physisch oder als synthetisch replizierte Variante. Das hört sich im ersten Moment kompliziert an, ist es aber nicht. Es geht dabei darum, auf welche Art und Weise der Index »nachgebaut« wird. Beim DAX mit seinen 30 Unternehmen werden bei einer physischen Nachbildung genau die 30 Aktien für den Index in echt gekauft.

Dagegen spiegeln synthetisch nachgebildete ETFs nicht eins zu eins die einzelnen Werte eines Index wider, sondern lediglich die Wertentwicklung des ausgewählten Index. Basis hierfür sind Tauschgeschäfte zwischen dem ETF und einem Finanzinstitut. Die Indexrendite wird vom Finanzinstitut – meist sind dies größere Banken – geliefert und ist damit auch vom Wohl und Wehe der Banken abhängig. Bevor man als Anleger*in synthetische ETF-Varianten kauft, sollte man das dahinterstehende Investitionsprinzip auf jeden Fall verstanden haben – sonst: Finger weg!

Da ETFs einfach konzipiert und computergesteuert verwaltet werden, spricht man bei dieser Anlageart von passivem Management.

ETFs gehören wie auch die zuvor angesprochenen Investmentfonds zum sogenannten Sondervermögen. Wie das Wort bereits vermuten lässt, werden die Kund*innengelder gesondert verwahrt, getrennt von der Bilanz der Investmentgesellschaft. Dies hat den Vorteil, dass die Fondsanteile vor einer Insolvenz der Fondsgesellschaft geschützt sind. Die Investmentgesellschaften sind also nur der Händler beziehungsweise die Händler*in, über den man Anteile kauft; die Anteile selbst gehören aber immer den Kund*innen. Die Wertentwicklung der Fondsanteile hängt maßgeblich von der Wertentwicklung der darüber erworbenen Wertpapiere ab. Die Eigenschaft des Sondervermögens schützt also nicht vor Kursverlusten oder gar einem Börsencrash.

Bei den aktiv verwalteten Aktienfonds entscheidet – wie bereits erwähnt – ein*e Fondsmanager*in, welche einzelnen Aktien ins Portfolio aufgenommen werden, in der Regel zwischen 50 bis maximal 150 Einzeltitel. Aktienfonds können über die Investition in einzelne Branchen, Sektoren, Länder oder auch die Investition in nachhaltige Unternehmen Schwerpunkte setzen. Nachhaltige Investmentfonds verwenden dabei unterschiedliche Investmentstile:

- Ausschlusskriterien
- Best-in-Class-Prinzip
- Impact Investments
- Nachhaltige Themenfonds
- Integration
- Engagement
- Normbasiertes Screening
- Stimmrechtsausübung

Die Details zu den einzelnen Investmentstilen finden Sie im Nachschlagewerk für Fachbegriffe ab Seite 144.

Nehmen wir für ein Beispiel das Best-in-Class-Prinzip als gängige Methode. Hierbei spielen ESG-Aspekte eine große Rolle. Die Buchstaben ESG stehen für:

- Environment: Umwelt (Klima, Wasser, Artenvielfalt)
- Social: Soziales (Mitarbeiter*innen, demografischer Wandel, Gesundheit)
- Governance: Unternehmensführung (Korruption, Aufsichtsstrukturen, Reputationsmanagement)

Hier werden alle im Fonds befindlichen Unternehmen entsprechend den ESG-Aspekten bewertet.

Aber Achtung: Das Verfahren ist nicht einheitlich. Gerade bei Investmentfonds und ETFs wird dieser Investmentstil unterschiedlich interpretiert. Nachhaltige Fonds haben in der Regel zusätzlich einen Beirat oder andere Gremien, die auf die Aktienauswahl schauen. Da solche Nachhaltigkeitsbeiräte Geld kosten, sind sie bei den kostengünstigen ETFs selten bis gar nicht vorhanden. Außerdem treten viele nachhaltige Fonds in den Dialog mit Unternehmen (Engagement) und geben öffentlichkeitswirksam bekannt, wenn sie Aktienpositionen aufgrund von verfehlten Nachhaltigkeitsvorgaben verkaufen.

Spannend ist der Fakt, dass sich seit dem Börseneinbruch im Zuge der Corona-Krise im Frühjahr 2020 aktive nachhaltige Investmentfonds zum Teil besser entwickelt haben als der Gesamtmarkt beziehungsweise als nachhaltige ETFs.[18] Woran das liegt? Ölmultis wie Chevron, BP und Exxon Mobil haben 2020 historisch hohe Verluste eingefahren, Fluggesellschaften und Kreuzfahrtunternehmen leider extrem unter den Maßnahmen zur Eindämmung der Pandemie.[19] Außerdem wollen viele Staaten weltweit ihre Emissionen weiter senken und schrittweise den Ausstieg aus dem Ölzeitalter vorantreiben. Glücklich sind diejenigen, die mit Öl und starken Emissionen verbundene Einzeltitel bereits heute meiden.

Robo-Advisors

Ein Robo-Advisor stellt eine Form der digitalen Vermögensverwaltung dar. Anhand eines Onlinefragebogens wird ein Risikoprofil erstellt, darauf aufbauend folgt ein auf Algorithmen basierender Portfoliovorschlag. Gerade wenn man keine Zeit und Lust hat, sich ein eigenes Depot zusammenzustellen, können Robo-Advisors charmante Lösungen sein. Die meisten Anbieter am Markt bieten konventionelle Portfolios an. Es gibt aber auch spezielle nachhaltige Robo-Advisors, die entweder aktive oder passive Strategien anbieten. Beispiele dafür sind Vividam, VisualVest, bevestor und GLS onlineInvest.

Anfang Januar 2021 gab BlackRock-CEO Larry Fink in einem Interview bekannt, dass er eine schwindende Bedeutung von Standardindizes sieht.[20] Die Risiken des Klimawandels werden seiner Ansicht nach zu einer grundlegenden Neugestaltung des Finanzwesens führen. Das heißt, letztlich wird es mehr »grüne« Indizes geben und damit automatisch auch mehr ETFs mit dieser Ausrichtung.

(Offene) Mikrofinanzfonds

Mit kleinen Kreditbeträgen Großes bewirken – so oder so ähnlich kann man diese besondere Fondsart beschreiben. Denn vor allem Menschen des globalen Südens müssen häufig mit weniger als 1,25 US-Dollar am Tag zurechtkommen und haben so gut wie keine Möglichkeit, der Armut zu entkommen. Durch Mikrofinanzinstitute werden Mikrokredite an Menschen vergeben, damit sie als Kleinstunternehmer*innen selbst Geld verdienen und sich so eine eigene Existenz aufbauen können. Mit dem Kapital werden zum Beispiel Nähmaschinen, Stoffe, Mobiltelefone oder Werkzeuge gekauft. Spannenderweise sind die meisten Kreditnehmer*innen Frauen. Mikrofinanzfonds gelten als robust, da die Rückzahlungsquote der Kreditnehmer*innen, historisch gesehen, sehr hoch ist. Außerdem gelten sie als sehr nachhaltig, da die soziale Wirkung sofort messbar und sichtbar ist. Es gibt nur wenige in Deutschland zugelassene Mikrofinanzfonds. Hohe Renditen darf man bei dieser Anlageform nicht erwarten, dafür ist der Aufwand der Mikrofinanzinstitute zu hoch. Im Jahr 2020 lag der Wertzuwachs der verschiedenen Fonds zwischen 0,40 und 1,30 Prozent.

Rohstoffe

Beim Stichwort »Rohstoffe« fallen einem meisten zuerst Edelmetalle wie Gold, Silber und Platin ein. Vor allem Gold hat seit der Finanzkrise 2008/09 eine wahre Renaissance als Krisenwährung erlebt, und die Nachfrage steigt seitdem stetig. Die immense Staatsverschuldung und die damit einhergehende Angst um den Wert von Papiergeld sind der Haupttreiber dieser Wertsteigerungen. Der Euro, US-Dollar oder Schweizer Franken sind alles nationale Währungen, die auch als »Fiatgeld« bezeichnet werden. Das Wort stammt aus dem Lateinischen und bedeutet ein Objekt ohne inneren Wert, das als Tauschmittel eingesetzt wird. Unser Geldsystem fußt auf unserem Vertrauen in die jeweilige Währung. Das Gegenteil von Fiatgeld ist Warengeld, dazu gehören zum Beispiel Nahrungsmittel wie Kartoffeln, Reis oder Rohstoffe wie Gold. Warengeld hat einen inneren Wert, ohne dass dieser von einer Regierung festgelegt würde. Deshalb ist Gold als sicherer Hafen in den letzten Jahren wieder so beliebt geworden. Aber Vorsicht: Gold zahlt weder Zinsen noch Dividenden und kann im Preis stark schwanken.

Eine Frage, die sich nachhaltig orientierte Anleger*innen außerdem unbedingt stellen sollten: Wie und wo wird Gold gewonnen? Die meisten Goldminen befinden sich in Afrika, Südamerika und Asien. Pro Tonne Gestein wird in der Regel nur ein Gramm Gold gewonnen. 1.000 Tonnen Gestein müssen also für ein Kilogramm Gold bewegt werden. Hierfür wurden zum Beispiel in Peru innerhalb eines Jahrzehnts Regenwaldgebiete von der Größe des Bundeslandes Bayern zerstört und in Wüsten verwandelt. Da sich Gold nicht einfach aus dem Gestein waschen lässt, werden massenweise Chemikalien wie Cyanwasserstoff (Blausäure) und Quecksilber eingesetzt. Diese wiederum führen zu verheerenden Umweltschäden für Mensch und Natur. Der Tageslohn der oft prekär arbeitenden Menschen liegt im Schnitt bei gerade einmal zwei US-Dollar pro Tag. Außerdem schuften nach Expert*innenschätzung allein in Afrika über eine Million Kinder für das glänzende Edelmetall.

Schon ein einzelner Ehering aus Gold verursacht demnach über 20 Tonnen Giftmüll, und das Gold wurde häufig unter menschenunwürdigen Bedingungen gefördert. Alternativen können recyceltes Gold oder faires Gold sein. Letzteres ist bisher allerdings nur sehr begrenzt verfügbar.

Verhält es sich bei Rohstoffen wie Nickel, Lithium oder Aluminium anders? Leider nicht. Auch die Produktion dieser Rohstoffe führt zu Treibhausgasemissionen und Umweltverschmutzung. Allerdings ist ihr Abbau dringend für die Erstellung emissionsarmer Energietechnologien nötig, wenn wir nicht weiter auf fossile Brennstoffe wie Öl, Kohle und Gas angewiesen sein wollen. Dabei hat auch die Komplexität zugenommen: Wo wir vor 300 Jahren vielleicht gerade einmal eine Handvoll Rohstoffe für den Betrieb einer Windmühle benötigten, sind heute bis zu vierzig verschiedene Rohstoffe für die Herstellung und den Betrieb von Solarzellen, E-Autos oder Smartphones erforderlich.

Die Vereinbarkeit von Rohstoffen und Nachhaltigkeit ist daher ein wahrer Drahtseilakt. Die entscheidende Frage bleibt dabei, wie Unternehmen Rohstoffe abbauen. Dabei müssen Daten wie CO_2-Ausstoß, Wasserverbrauch und soziales Engagement in Nachhaltigkeitsbewertungen einfließen, um eine Investition überhaupt in Erwägung zu ziehen. Diese Anlageklasse kann stark schwanken, sowohl im Kurs als auch in der Wertentwicklung, und sollte daher maximal als geringe Beimischung im Depot vertreten sein. Möglich wird eine Investition beispielsweise über entsprechende Rohstofffonds oder Rohstoff-ETFs.

Kryptowährungen & Blockchain

Bitcoin, Ether, Litecoin – insgesamt gibt es circa 4.000 verschiedene Arten von Kryptowährungen. Die älteste und bekannteste ist der Bitcoin, der 2009 entwickelt wurde. Zu jeder digitalen Kryptowährung gehört ein entsprechender Blockchain-Algorithmus, wovon derzeit circa 800 existieren. Die Blockchain ist vereinfacht eine sich selbst synchronisierende Datenbank, die dezentral verwaltet wird und durch ihren Aufbau unveränderlich und manipulationssicher sein soll.

Unser Papiergeld wird bei der jeweiligen Zentralbank hinterlegt und reguliert. Bei Kryptowährungen gibt es dagegen keine solche Kontrollinstanz. Genau darin sehen Befürworter*innen einen eklatanten Vorteil. Denn seit der Hypothekenkrise im Jahr 2008/09 und befeuert durch die Corona-Krise haben Notenbanken weltweit Billionen von neuen Schulden aufgenommen. Sie dürfen nämlich in beliebiger Höhe Geld drucken, um das Wirtschaftssystem zu stabilisieren. Die Währung Bitcoin dagegen ist auf maximal 21 Millionen Coins begrenzt. Neue Bitcoins müssen energieaufwändig durch riesige Hochleistungscomputer digital geschürft werden.

Krypto-Kritiker*innen bemängeln, dass der Stromverbrauch einer einzelnen Bitcoin-Transaktion so hoch ist wie jener eines amerikanischen Durchschnittshaushaltes in 23 Tagen. Oder anders beschrieben, könnte man mit einer einzigen Bitcoin-Transaktion 429.000 Visa-Transaktionen tätigen.[21] Von diesen stromfressenden Bitcoin-Transaktionen finden täglich circa 300.000 statt.

Der Grund, warum Bitcoin so viel Strom verbraucht, liegt an dem gewählten Konsens-Mechanismus »Proof-of-Work«. Denn jede Transaktion wird in der Blockchain vermerkt und muss mit allen Servern im Bitcoin-Netzwerk abgeglichen werden, damit dieser fälschungssicher bliebt. Dadurch entfällt die Überprüfung durch eine Kontrollinstanz. Ein deutlich energiesparender Konsens-Mechanismus ist das Entkoppeln von der Rechenleistung von Computern und heißt »Proof-of-Stake«. Hierbei werden per Zufallsgenerator Mitglieder im Netzwerk ausgewählt, die den nächsten Block in der Blockchain generieren dürfen. Dieser Mechanismus wird nicht von Bitcoin, aber von anderen Kryptowährungen genutzt.

Fazit: Vor allem die Blockchain-Technologie hat das Potenzial, über das nächste Jahrzehnt den Finanzmarkt komplett zu verändern. Kryptowährungen dagegen sind extrem schwankungsanfällig und nichts für schwache Nerven. Die Finanzaufsicht BaFin warnte eindringlich vor den Risiken: Auch ein Totalverlust sei denkbar.

Alternative Investmentfonds (AIFs)

Alternative Investmentfonds werden auch »geschlossene Fonds« genannt. Sie gehören zum Grauen Kapitalmarkt. Dazu zählen Direktinvestments, Nachrangdarlehen, Genussrechte, Namensschuldverschreibungen, Unternehmensbeteiligungen und Kryptowährungen. Die Anbieter stehen nicht unter staatlicher Aufsicht und müssen nur wenige gesetzliche Vorgaben erfüllen. Manche Anbieter geben Prospekte oder Informationsblätter heraus, die aufschlussreich sein können, jedoch von den Aufsichtsbehörden niemals inhaltlich geprüft werden.[22]

Gängige Produkte, die über den Direktvertrieb angeboten werden, sind Immobilienbeteiligungen, Flugzeugfonds, Private-Equity-Fonds, Bauminvestments, Direktbeteiligungen in Mikrokrediten oder Direktbeteiligungen an erneuerbaren Energien. Anleger*innen können zwar eine attraktive Rendite über Kapitalmarktniveau erzielen, aber auch hohe Ausfälle bis hin zum Totalverlust kommen regelmäßig vor. Mal eben zwischendurch aus der Anlage auszusteigen ist nicht oder nur mit erheblichen Abschlägen möglich – und das investierte Geld ist häufig lange gebunden. Diese Anlageformen sind nur für erfahrene Investor*innen geeignet, die sich der Funktionsweise und Komplexität der Produkte bewusst sind und sie als Beimischung zum Gesamtvermögen nutzen. Die Wirkung und im besten Falle nachhaltige Wirkung des Geldes ist hier mitunter am größten, da die Anlagesummen meist auf direktem Wege in das beschriebene Projekt investiert werden (zum Beispiel in Solaranlagen, Blockheizkraftwerke oder bei Waldinvestments).

Ich habe sehr oft erlebt, dass Menschen, die sich für nachhaltige Geldanlagen interessieren, ihre ersten Investitionen im Grauen Kapitalmarkt tätigen, ohne sich dabei der Risiken bewusst zu sein. Auslöser war vielleicht die Euphorie nach einem spannenden Vortrag oder einem engagierten Beratungsgespräch. Es ist jedoch besser, mindestens eine Nacht darüber zu schlafen, damit nicht die Glückshormone allein die Entscheidung treffen. Den Wunsch, die Welt grüner und nachhaltiger zu gestalten, teile ich zu 100 Prozent, jedoch gilt ebenso vollumfänglich: Bevor Sie investieren, sollten Sie die Funktionsweise des jeweiligen Finanzproduktes verstehen.

Crowdinvesting

Beim Crowdinvesting spricht man gerne auch von der Schwarmfinanzierung. Denn eine Vielzahl von Menschen investiert in ein Projekt oder Start-up und finanziert damit eine Investitionsidee. Hierfür kommen sowohl konventionelle als auch ökologische und soziale Projekte infrage. Dazu gehören Darlehen für Projekte, wie zum Beispiel Kleinwindradanlagen, Solaranlagen, ein Mehrgenerationenhaus, neuartige Lebensmittel oder alternative Stoffe für die Bekleidungsindustrie. Neuartige Ideen erfordern Kapital, und dieses nötige Kapital wird selten von Banken in Form von Krediten vergeben. Das Ausfallrisiko ist der Bank in der Regel zu hoch. Dies ist auch der unmittelbare Nachteil von Crowdinvestments – es besteht häufig ein Totalverlustrisiko.

Crowdinvestments gehören ebenfalls zum Grauen Kapitalmarkt und nutzen häufig die Ausnahmeregelungen der Prospektpflicht, was dazu führen kann, dass Anleger*innen die Risiken unterschätzen oder nicht wahrnehmen.

Rendite und Risiko gehen Hand in Hand. Wo ein Totalverlustrisiko droht, sind die angebotenen Renditen durchaus attraktiv und liegen derzeit durchschnittlich bei sechs Prozent pro Jahr. Diese Anlageklasse kommt daher nur für diejenigen infrage, die ihre Finanzhausaufgaben komplett erledigt haben und den Verlust der investierten Summe ohne Weiteres verkraften können. Denn Insolvenzen kommen leider häufig vor, wenn sich eine neue Idee am Markt nicht durchsetzen kann. Die Wirkung des investierten Kapitals ist bei dieser Anlageform sehr hoch und direkt sichtbar, da das Geld ohne Umwege oder Kapitalerhöhungen einer Aktiengesellschaft in die Umsetzung des Projektes fließt. Bekannte nachhaltige Crowdinvesting-Anbieter sind GLS Crowd, Wiwin und Greenvesting.

Depotbanken / Neobroker

Sobald wir Wertpapiere mit einer Wertpapierkennnummer beziehungsweise ISIN (Internationale Wertpapierkennnummer) kaufen, müssen diese Wertpapiere in einem Depot gelagert werden. Gerne spricht man hier auch von der Lager- beziehungsweise Verwahrstelle. Diese Verwahrstellen sind dazu verpflichtet, die Kund*innenwertpapiere vom Eigenbestand zu trennen und ein weitreichendes Risikomanagement zu betreiben.
In den letzten Jahren haben große Direktbanken wie ING Diba oder Consorsbank einen starken Zulauf erlebt, da viele von uns gerne selbst handeln möchten und die Kosten deutlich niedriger als in Filialbanken sind. Relativ neu auf dem Markt sind die sogenannten Neobroker. Das sind junge Trading-Apps mit Namen wie Robinhood, Trade Republik und Scalable. Hier wird direkt per App auf dem Smartphone gehandelt mit noch niedrigeren Gebühren oder sogar komplett provisionsfrei. Ein immenser Zulauf vorwiegend junger Börsenneulinge war besonders im Jahr 2020 zu beobachten.[23] Bemängelt wird eine zum Teil eingeschränkte Produktauswahl, also dass nicht jedes Wertpapier an jedem beliebigen Handelsplatz gehandelt werden kann. Immense Kritik an Neobrokern ging Ende Januar 2021 in allen Medien viral, in Verbindung mit der schwächelnden Aktiengesellschaft Gamestop. Die Firma betreibt eine Einzelhandelskette für Compu-

terspiele und ist an der Börse notiert. Durch den Onlinehandel steht das Unternehmen seit 2016 wirtschaftlich immens unter Druck, die Pandemie hat die wirtschaftliche Lage weiter verschärft, was sich auch am fallenden Aktienkurs bemerkbar machte. Große Hedgefonds hatten die Situation genutzt und durch Leerverkäufe auf weiter fallende Kurse gewettet. Sie leihen sich dabei Aktien, die sie zu einem höheren Kurs verkaufen, um sie dann zu einem niedrigeren Kurs zu kaufen und zurückzugeben. Doch eine Vielzahl von Kleinanleger*innen drehte den Spieß um und verabredete sich zu Käufen der Aktie, um die Leerverkäufe der Hedgefonds zu torpedieren. Denn wenn der Aktienkurs durch eine rege Nachfrage anzieht, statt zu fallen, verlieren die Hedgefonds jede Menge Geld. Es liegt in der Natur der Sache, dass sie ab einem gewissen Punkt die leer verkauften Aktien kaufen müssen, um ihren Verlust zu begrenzen. Das verleiht dem Kurs allerdings noch weiteren Auftrieb. Genau auf dieses Szenario wetteten die Kleinanleger*innen. Einige Neobroker verboten schließlich weitere Käufe und riefen damit die Börsenaufsicht auf den Plan. Denn Handelsplattformen müssen sich an die geltenden Börsengesetze halten und dürfen den Handel von Wertpapieren nicht aussetzen.
Wie gefährlich es sein kann, wenn sich Neobroker-Anbieter mit aggressiven Werbemaßnahmen auf eine junge und noch unerfahrene Zielgruppe fokussieren und dann mit schnellen Gewinnen werben, zeigte sich bei einem jungen Investor in den USA. Der 20-Jährige beging Selbstmord, nachdem er über eine solche App eine immense Anzahl von komplizierten Finanzprodukten gehandelt und schlussendlich ein Minus von 730.000 US-Dollar erwirtschaftet hatte. Das Tragische: Die Summe entsprach einem Buchwertverlust, also keinem realen Verlust. Er hätte die Summe nicht zurückzahlen müssen. Leider war der Kundendienst nicht erreichbar, um die Situation zu klären, und der unerfahrene Anleger blieb mit seiner Panik allein.[24]

Assetklassen – und wie weiter?

Nun, nachdem ich Ihnen alle Assetklassen vorgestellt habe, höre ich Sie fragen: »Und wie sieht das jetzt praktisch aus?«

Nicht nur im Zusammenhang mit Neobrokern zeigt sich mit Blick auf die Gesamtheit der Assetklassen: Risiko und Rendite gehen immer Hand in Hand. Je höher die angegebene Rendite, umso höher ist das mögliche Risiko bis zum Totalverlust. Bei extrem hohen Renditen geht es daher eigentlich immer darum zu spekulieren, statt zu investieren.

Ein Beispiel: Auf den meisten Tagesgeldkonten erhalten Sie derzeit eine Verzinsung von unter 0,5 Prozent pro Jahr. Sollte Ihnen eine Geldanlage mit einem Zinssatz beziehungsweise einer Rendite von zum Beispiel 3 Prozent pro Jahr ohne Risiko angeboten werden, müssen sofort alle Alarmglocken schrillen. Bei dieser Regel gibt es keine Ausnahmen.

Außerdem kann festgehalten werden: Je höher die Rendite, umso länger sollte die Laufzeit der ausgewählten Geldanlage sein. Aktien sind hierfür ein gutes Beispiel: Kurzfristig betrachtet, können Aktien sehr riskant sein und innerhalb eines Jahres um mehr als 30 bis 40 Prozent fallen. Langfristig betrachtet, ist diese Anlageklasse dafür jedoch sehr rentabel.

Mein Tipp: Nehmen Sie sich ausreichend Zeit, bevor Sie sich für eine Anlage entscheiden, und sammeln Sie so viele Informationen wie möglich. In den letzten fünf Jahren hat sich in Sachen Finanzbildung sehr viel getan. Ob auf

Facebook, Instagram oder über Finanzblogs: Immer mehr Menschen – ganz gleich ob Generation X, Y, Z oder die Silver Surfer – möchten ihre Finanzen selbst in die Hand nehmen, und das ist großartig!

Einige bekannte Informationsportale sind HerMoney, das FemaleFinanceForum oder Finanz-Heldinnen. Wer die Do-it-yourself-Lösungen eher scheut oder tieferes Fachwissen unter anderem zu nachhaltigen Finanzthemen benötigt, sollte sich von einem oder einer Berater*in aus Fleisch und Blut mit den entsprechenden Qualifikationen beraten lassen. Außerdem habe ich im Kapitel »Anlagepraxis: So könnte Ihr Portfolio aussehen« (ab Seite 130) mögliche Anlageszenarien für Einsteiger*innen durchgespielt, an denen Sie sich vielleicht orientieren können.

In jedem Fall gilt: Finger weg von Anlagen, die es angeblich nur für kurze Zeit gibt. Am besten sollten Sie sich mindestens einen Tag Bedenkzeit geben, damit die eventuelle Euphorie eines Gesprächs abflacht und Sie das Investment »nüchtern« betrachten können.

ETAPPENZIEL

Wie lang ist Ihrer Einschätzung nach Ihr Anlagehorizont? Sind Sie auf einen kurzen Spaziergang im Park eingestellt (Anlagehorizont 3 bis 24 Monate), oder soll es doch die alpine Wanderung zum Großglockner sein (Anlagehorizont 10 bis 20 Jahre)?

NACHHALTIGKEIT
RENDITE
SICHER-
HEIT
LIQUIDITÄT
Fake!
TOP
GEWINNE!
500%
IN NUR
2 WOCHEN!
Finanz-
porn!
RENDITE
RISIKO

Fünftes Kapitel

Das magische Viereck der Vermögensanlage

Gut, als Wandernde haben wir uns jetzt eine kleine Auszeit verdient: für eine Weile durchschnaufen, die Aussicht genießen und die Wandertafel studieren. Auch hier gibt es Ähnlichkeiten zur Geldanlage. Dort heißt die Wandertafel allerdings »magisches Viereck der Vermögensanlage«. Hier wie dort gilt: Mit den wichtigsten Eckpunkten vor Augen können wir unser Ziel besser finden.

Aber wozu genau gibt es dieses magische Viereck? Und was besagt es? Nun, im Großen und Ganzen geht es darum, dass wir nicht alles auf einmal haben können. Die höchste Rendite – ohne Risiko, mit voller Verfügbarkeit der Anlagesumme zu jeder Zeit und mit einem positiven Beitrag für die Umwelt und Gesellschaft? Ein solches Ziel gliche tatsächlich der »eierlegenden Wollmilchsau«. Fakt ist: Die einzelnen Punkte des Vierecks

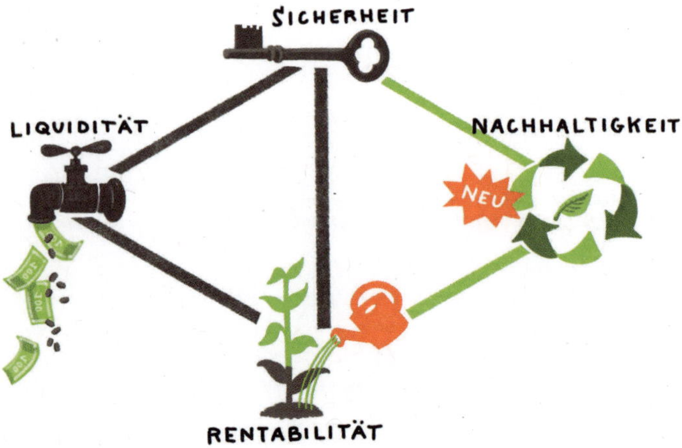

stehen zwar immer in Beziehung zueinander, sind jedoch nie alle gleichzeitig erreichbar. Daher ist es wichtig, zuerst die eigenen Motive des Sparens zu kennen.

Auch wenn ich natürlich nicht Ihre ganz persönlichen Motive kenne, gibt es Anlageziele, die fast alle Anleger*innen verfolgen. Manche wollen ganz grundsätzlich für das Alter vorsorgen, oder sie sparen auf ein bestimmtes Ziel hin, weil sie eine größere Anschaffung planen. Andere wollen vorzeitig in den Ruhestand gehen oder Eigenkapital bilden für den Erwerb einer Immobilie.

Aus dem jeweiligen Sparmotiv heraus ergeben sich ganz unterschiedliche Auswirkungen auf die jeweiligen Ecken. Punkt eins, also die erste Ecke des magischen Vierecks, ist die Laufzeit der Anlage.

Wie Sie schon erfahren haben, gehört eine Liquiditätsreserve zum Pflichtprogramm. Eine gewisse Summe muss immer liquide bleiben, sie sollte absolut risikolos angelegt sein. Häufig liegt dieses Geld deshalb auf Tagesgeldkonten. Das hat den Nachteil, dass es dort keine Rendite erzielt, denn es gibt im Moment so gut wie keine Zinsen in dem Bereich. Andere Anlagemöglichkeiten wie zum Beispiel Aktienfonds sind zwar ebenfalls täglich verfügbar, also auch liquide, und erzielen eine ordentliche Rendite. Aber sie haben den großen Nachteil, dass sie im Kurs sehr stark schwanken und damit hohe Verluste mit sich bringen können. Diese Art der Anlage ist daher nur für einen langfristigen Anlagehorizont von mehr als zehn Jahren geeignet, damit sich eventuelle Börsenturbulenzen über den Faktor Zeit wieder ausgleichen können.

Apropos Verluste und Turbulenzen: Auch die Sicherheit einer Anlage ist entscheidend und deshalb die zweite Ecke unseres Vierecks. Klar ist: Kapitalanlagen können im Wert steigen oder fallen. Wie hoch diese Gewinne oder Verluste ausfallen können, hängt mit der Art der Anlage zusammen. Deshalb sollten Sie Ihre eigene Risikoneigung und Risikotoleranz kennen. Dies geht am einfachsten über Onlinetools, wo Sie anhand von mehreren Fragen eine Ersteinschätzung erhalten. Die bisherigen Kenntnisse und Erfahrungen mit Kapitalanlagen spielen eine große Rolle beziehungsweise auch die im Elternhaus erworbene Bildung und Einstellung zum Thema Finanzen. Meine Erfahrungen aus zwei Jahrzehnten

Finanzberatung zeigen mir, dass wir oft unbewusst das Finanzverhalten unserer Familie übernehmen. Waren die Eltern sehr konservativ bei der Geldanlage und haben zum Beispiel die Investition in Aktien oder Investmentfonds gescheut, dann werden Sie höchstwahrscheinlich die gleiche Einstellung zur Börse haben.

Merke: Breite Streuung von Kapitalanlagen ist Trumpf. Niemals alle Eier in einen Korb legen! Hat man die Eier auf mehrere Körbe verteilt, verringert man das Verlustrisiko, falls doch eine Anlageform beziehungsweise ein Eierkörbchen zu Bruch geht. Daher eignen sich Investmentfonds und ETFs als Basisinvestment sehr gut. Die meisten Investmentfonds beinhalten zwischen 50 und 150 Einzeltitel. Ein MSCI World ETF bildet sogar den Weltaktienindex mit über 1.600 Einzeltiteln ab. Fondsanteile können Sie in der Regel ab 25 Euro kaufen. Warum also Klumpenrisiken eingehen – also zu viel Kapital in nur eine Aktie, eine Branche oder ein Land investieren –, wenn Risikostreuung deutlich einfacher geht?

Kommen wir nun zur dritten Ecke des Vierecks: der Rendite. Jede Art von Kapitalanlage wirft eine andere Rendite ab. Konservative Anlagen wie Giro-, Spar- oder Festgeldkonten erwirtschaften kaum Zinsen, wogegen Aktien, Investmentfonds oder Immobilien langfristig attraktive Renditen erzielen können. Wie ich schon geschrieben habe, hängen Risiko und Rendite immer sehr eng zusammen. Informieren Sie sich daher vorab immer über mögliche Risiken, bedenken Sie das Worst-Case-Szenario, und investieren Sie nur in Produkte, die Sie zu 100 Prozent verstehen.

Finanzpornografie

Dieser Begriff wurde durch ein Buch meines Kollegen Gerd Kommer einer breiteren Öffentlichkeit bekannt gemacht.[25] Gemeint sind die reißerischen Schlagzeilen von diversen Finanzzeitschriften und Boulevardzeitungen, die nichts anderes im Sinn haben, als unsere Aufmerksamkeit zu gewinnen und uns zu erregen. Pornografie und Finanzpornografie haben eines gemeinsam: Sie haben nichts mit der Realität zu tun. Typische Schlagzeilen können entweder große Gewinne in kurzer Zeit suggerieren, oder sie beschwören den nächsten Crash herauf.

Typische Beispiele sind Schlagzeilen wie: Börsenguru ist sich sicher – der nächste Crash steht bevor! 500 Prozent in nur 4 Wochen! Insidertipps für jedermann! Promiinvestor plaudert aus dem Nähkästchen!

Gerne werden Prominente, Börsengurus oder Crashprophet*innen zitiert, aus Einzelfällen der Vergangenheit speisen sich die Erfolgsstorys der Zukunft. Statistisch gesehen, liegen die meisten Prognosen vollkommen daneben und sind das Papier nicht wert, auf dem sie gedruckt worden sind. Da wundert es nicht, dass Pornografie ein häufiges Ausschlusskriterium bei nachhaltigen Fonds ist.

Mit der »Nachhaltigkeit« komme ich nun zur vierten Ecke des magischen Vierecks. Die Frage lautet hier, wie sehr Nachhaltigkeit die anderen Punkte beeinflusst und welche Wirkung über entsprechende Anlagen überhaupt erzielt werden kann.

Metastudien der Universität Kassel und der Universität Hamburg sowie die neueste Metastudie des NYU Stern Center for Sustainable Business kommen zu dem Ergebnis, dass in circa 86 Prozent der Studien nachhaltige Geldanlagen im Vergleich zu konventionellen Anlagen gleich gut oder besser abschneiden.[26] Ein Drittel der Studien erfasste sogar eine Überrendite. Aber Rendite ist das eine. Eine messbare Wirkung das andere.

Anfang 2021 haben zwei Professoren, Dr. Christian Klein und Dr. Marco Wilkens, ein Gutachten für den Verbraucherzentrale Bundesverband e. V. veröffentlicht, das sehr viel Aufsehen erregt hat.[27] Darin sind sie der Frage nachgegangen, welche transformativen Wirkungen nachhaltige Geldanlagen von Verbraucher*innen haben können. Eine entscheidende Frage, denn wir möchten doch alle, dass unser grünes Investment tatsächlich eine echte und messbare Wirkung erzielt.

Im Gutachten werden drei Wirkungskanäle (A bis C) definiert sowie drei Impact-Klassen, also Wirkungsklassen. Demnach haben ETFs oder Investmentfonds eine indirekte transformative Wirkung und gehören der Impact-Klasse 1 an.

Die anderen beiden Impact-Klassen 2 und 3 haben direkte transformative Wirkungen – über Renditeverzicht sowie über die Transformation von Unternehmen. Renditeverzicht insofern, als Anleger*innen bewusst in vergleichbar weniger rentable Geldanlagen investieren, was zu geringeren Finanzierungskosten bei Unternehmen und dadurch zur Umsetzung »eigentlich unrentabler« nachhaltiger Realinvestitionen führt, die sonst nicht umgesetzt worden wären. Eine Transformation von Unternehmen kann dem Gutachten zufolge durch die Ausübung von Stimmrechten als Aktionär*in (Voting) oder durch Engagement, also den aktiven Dialog mit der Unternehmensführung, umgesetzt werden. Die Professoren sehen für diese beiden Wirkungsklassen bisher wenige geeignete Geldanlagen für Verbraucher*innen. Eine einfache, aber dennoch wirkungsvolle Möglichkeit ist der Kontowechsel zu einer nachhaltigen Bank. Denn die angelegten grünen Bankeinlagen finanzieren wiederum zukunftsfähige Unternehmen und Projekte. Das Forschungsprojekt geht weiter und ist deshalb so spannend, weil bisher wenige Forschungsergebnisse zum Thema »transformative Wirkungen unserer Geldanlagen« vorliegen.

Apropos transformative Wirkung: Sie haben ja schon gehört, dass Crowdinvesting oder Mikrofinanzfonds ziemlich viel Impact erlauben, aber relativ risikoreich sind und nur sehr wenig Rendite einbringen. Da Investmentfonds und ETFs hier eine gute Mischung bieten, will ich der Frage nachgehen, welcher Investmentstil – aktiv oder passiv – nachhaltiger ist beziehungsweise eine direktere Wirkung erzielt.

Eines ganz klar vorweg: Hier geht es nicht um richtig oder falsch oder Gut gegen Böse. Denn jede Investition in mehr Nachhaltigkeit sollte willkommen sein.

Zuerst sollte man für sich herausfinden, was die eigene Definition von »nachhaltig« ist. Denn es gibt weitaus mehr als *Fifty Shades of Green*! Heißt nachhaltig für Sie, dass eine Investition in fossile Brennstoffe wie Kohle und Erdöl vermieden werden soll? Wie sieht es aus mit den Herstellern von geächteten Waffen wie Streubomben? Oder Fluggesellschaften, Kreuzfahrtschiffen, Tabak, Alkohol, Pornografie? Sind Firmen direkt oder indirekt an der Abholzung des Regenwaldes beteiligt, oder wird ausbeuterische Kinderarbeit unterstützt?

Je strenger Ihre Nachhaltigkeitskriterien sind, umso schlechter meine Botschaft in Bezug auf ETFs: Die allermeisten ETFs sind derzeit leider alles andere als nachhaltig und können bestenfalls als »hellgrün« bezeichnet werden.

Warum das so ist? Das ist relativ einfach erklärt. Es liegt vor allem an der simplen Zusammensetzung der ETFs. Diese folgen – wie bereits beschrieben – einem oft konventionellen Index. Wenn wir uns den oft empfohlenen globalen Index MSCI World anschauen, mit circa 1600 Einzeltiteln aus 23 Ländern, dann beinhaltet dieser Index Ölmultis, Fluglinien, Tabakkonzerne sowie eine Vielzahl von konventionellen Banken.

Aber es gibt doch auch nachhaltige ETFs! Das stimmt, jedoch investieren diese nachhaltigen ETFs oft nach dem Best-in-Class-Prinzip. Dabei werden keine Branchen pauschal ausgeschlossen, sondern der nachhaltigste einer Vergleichsgruppe im Portfolio belassen. So wandern zum Beispiel Erdölkonzerne oder Waffenhersteller in den vermeintlich grünen ETF.[28] Ein anderer Punkt ist die Stimmrechtsausübung. Im Falle von ETFs habe ich als Anleger*in nämlich kein Mitspracherecht, mein Stimmrecht wird von der Fondsgesellschaft ausgeübt. Dem Analysehaus MorningStar zufolge zeigt sich, was die ETF-Anbieter angeht, ein sehr diverses Bild. Während große Anbieter wie Vanguard, State Street und Fidelity vermehrt Beschlüsse von Aktionär*innen zur Bekämpfung des Klimawandels unterstützen, hat der weltgrößte Vermögensverwalter BlackRock in 80 Prozent der Fälle dagegen gestimmt.[29]

Das Magazin für nachhaltige Geldanlagen *ECOreporter* erstellt regelmäßig ECO-Anlagechecks zu verschiedenen Produktklassen und verwendet einen sehr strengen Bewertungskatalog. Die Redaktion des *ECOreporters* hat die bekanntesten nachhaltigen ETFs unter die Lupe genommen und jeweils eine detaillierte Analyse veröffentlicht – mit ziemlich ernüchternden Ergebnissen. Insgesamt wurden bisher über zwei Dutzend nachhaltige ETFs bewertet, die Namenszusätze wie »Sustainability«, »Low Carbon« oder »ESG« tragen. Der *ECOreporter* moniert, dass diese Bezeichnungen die an Nachhaltigkeit interessierten Anleger*innen in die Irre führen, denn so ausgezeichnete ETFs investieren teilweise nicht nur in Betreiber von Atom- und Kohlekraftwerken, sondern auch in Hersteller von Nuklearwaffen.

Einen kleinen Lichtblick gibt es trotzdem: So, wie es derzeit ist, wird es nicht bleiben. Der US-Indexanbieter MSCI gab Anfang 2021 bekannt, dass er die Ausschlusskriterien um fossile Brennstoffe erweitert. Die Entscheidung führt dazu, dass bestimmte ETFs ebenfalls angepasst werden, denn Kohleförderung, Öl und Gas werden damit tabu.

Wer eine strengere Definition von Nachhaltigkeit hat, findet derzeit Lösungen über aktive Investmentfonds. Ja, hier sind die Managementgebühren höher, aber: »You get what you pay for« – Sie erhalten im Zweifelsfall das am besten auf Sie zugeschnittene Produkt. Kosten sind nur eine zu berücksichtigende Dimension in der Geldanlage. Gerade die Corona-Krise hat gezeigt, wie sehr sich die Ausrichtung an strengeren Nachhaltigkeitskriterien positiv in der Wertentwicklung widerspiegeln kann.

Ein anderer Punkt der Nachhaltigkeit ist das Thema »Wirkung meines Geldes«: Oft wird die These aufgestellt, dass wir nur unsere Wertpapierdepots auf Nachhaltigkeit umstellen müssten, und schon wäre die Welt gerettet. So einfach ist es nicht. Wenn ich Aktien, Anteile von Investmentfonds oder ETFs erwerbe, habe ich ad hoc erst einmal noch nichts bewirkt. Denn die bestehenden Anteile wechseln nur den oder die Besitzer*in, es fließt kein neues Geld in nachhaltige Investitionen oder soziale Projekte. Was aber entsteht: Signalwirkung. Hier kommt wieder das Zusammenspiel von Angebot und Nachfrage zum Tragen: Je mehr Großinvestor*innen gewisse Aktien verkaufen, umso mehr wird der Kurs dieser Aktie unter Druck geraten.

PAUSE
FINANZPSYCHOLOGIE
BEWUSST
UNTER-
BE-
WUSST
Sparen!
RISIKO
ELTERN

Sechstes Kapitel

Gedanken zu Sicherheit und Risiko von Geldanlagen

Sie haben eben alle vier Ecken des magischen Vierecks der Vermögensanlage kennengelernt. Eine Ecke bereitet vielen Anleger*innen erfahrungsgemäß die größten Schwierigkeiten, wenn es um das Anlageverhalten geht. Um kurz bei unserem gewohnten Wandervergleich zu bleiben: Die Frage ist, wann Sie eine Schutzhütte aufsuchen und wie viele solcher Rückzugsmöglichkeiten auf Ihrer Strecke liegen sollten. Denn eines ist auch klar: Wenn Sie sich nur verkriechen und gar kein Risiko eingehen, kommen Sie nicht voran. Oder besser, Ihr Geld kommt nicht voran, es vermehrt sich nicht. Es ist daher absolut essenziell, dass Sie in sich gehen und herausfinden, welche Risiken Sie eingehen wollen beziehungsweise können.

Stellen Sie sich kurz folgende Situation vor: Zwei Personen haben das gleiche Gehalt, die gleichen Ersparnisse und die gleichen Ziele bei der Geldanlage. Außerdem kennen beide alle Assetklassen und deren Vor- und Nachteile. Trotzdem haben sie am Ende zwei völlig unterschiedliche Portfolios zusammengestellt. Warum ist das so?

Die Finanzpsychologie spielt bei unseren Entscheidungen über Geld eine entscheidende Rolle. Sie kennen sicher das Bild eines Eisbergs – nur ein kleiner Teil ist sichtbar, der größte Teil liegt verborgen unter der Wasseroberfläche. Bei Sigmund Freud verdeutlicht dieses Eisbergmodell, wie stark der Einfluss unseres Unterbewusstseins ist. Ihr Unterbewusstsein ist wiederum geprägt von Ihrer Vergangenheit. Wir alle tragen eine ganz individuelle und höchstpersönliche Geldgeschichte in uns, so unverwechselbar wie der eigene Fingerabdruck. Was waren zum Beispiel Ihre ersten Erfahrungen mit Geld? Wie gingen Ihre Eltern mit Geld um? Bekamen Sie Taschengeld, wofür haben Sie es ausgegeben? War immer ausreichend Geld vorhanden, oder herrschten in Ihrer Familie Geldsorgen?

Die Antworten auf diese Fragen beeinflussen oftmals unbewusst, wie Sie heute mit Geld umgehen und wie Sie Finanzentscheidungen treffen.[30] Gerade in Partnerschaften und während der Ehe kann das Thema Geld zum absoluten Stressfaktor werden. Die Soziologin Jutta Allmendinger fand in einer Forschungsarbeit heraus, dass Geld in Beziehungen stärker tabuisiert wird als Sex.[31] Das heißt, über Geld kann vor einer Eheschließung einfacher gesprochen werden als in den ganzen Jahren danach. Das könnte auch daran liegen, dass

Partner*innen vorher häufig finanziell unabhängig sind und eine Ungleichheit beim Einkommen erst aufkommt, wenn aus der Partnerschaft eine Familie wird.

Die latente finanzielle Abhängigkeit der Partnerin beziehungsweise des Partners erschwert die Diskussion über Geld, eine gerechte Verteilung wird zum Tabu. Das Thema Geld wird negativ aufgeladen.

Tatsache ist: In Deutschland herrscht häufig noch die klassische Rollenverteilung von Familien vor. Der Gender-Pay-Gap fängt bereits in der Kinderstube an: Mädchen erhalten im Schnitt circa 20 Prozent weniger Taschengeld als Jungen.[32]

Letztlich gilt für alle Menschen: Wir verbinden positive und negative Erfahrungen mit Geld, die gesamte Bandbreite an Emotionen gehört dazu: Freude, Gier, Sicherheit, Neid, Ohnmacht, Euphorie, Geiz oder das Gefühl der Überlegenheit. Das zeigt sich auch in typischen Sprüchen über Geld. »Geld macht nicht glücklich.« »Über Geld spricht man nicht.« »Geld verdirbt den Charakter.« »Geld stinkt nicht.« »Geld regiert die Welt.« »Beim Geld hört die Freundschaft auf.« »Geld ist nicht alles, aber ohne Geld ist alles nichts.«

Es sind und bleiben nur Sprüche. Wir entscheiden selbst, ob wir sie als wahr oder falsch erachten. Gerne möchte ich den letzten Spruch jedoch auf die Finanzberatung übertragen: Risikoprofilierung ist nicht alles, aber ohne Risikoprofilierung ist eine Finanzberatung nichts.

Risikoprofilierung, das heißt, dass jeder qualitativen Finanzberatung ein ausführliches Gespräch über die bisherigen Finanzerfahrungen, Erfolge und Misserfolge vorausgeht. Erst danach folgen die eigentlichen Handlungsempfehlungen auf Basis der ermittelten Risikobereitschaft. Eine ideale Portfoliozusammenstellung führt langfristig nicht zum Erfolg, wenn wir uns unserer persönlichen Emotionen in Bezug auf Geld nicht bewusst werden. Deshalb nutze ich als Beraterin bereits seit vielen Jahren die Risikoprofilierung von FinaMetrica® in meinen Beratungsgesprächen, um ein tieferes Verständnis für die emotionale Beziehung meiner Kund*innen zum Thema Geld zu erhalten. Das Unternehmen wurde 1998 mit Sitz in Australien gegründet und gilt als weltweit führend in der psychometrischen Profilierung der finanziellen Risikobereitschaft.

Der Fragebogen besteht aus 25 Multiple-Choice-Fragen, die man vollkommen selbstständig online beantwortet. Dabei werden Finanzentscheidungen aus der Vergangenheit genauso wie finanzielle Misserfolge abgefragt. Der Fragebogen erfasst auch, wie man Kapitalanlagen gegenüber eingestellt ist und Finanzentscheidungen generell trifft. Denn das Zusammenspiel zwischen Verstand, Emotionen und Intuition spielt bei der Ermittlung der finanziellen Risikobereitschaft ebenfalls eine wichtige Rolle.

Sich der eigenen Glaubenssätze zum Thema Geld bewusst zu werden ist ein essenzieller Bestandteil der Finanzbildung.

Und liefert nachweislich Resultate. In der *Sentimental Savings Study* von Bradley T. Klontz und weiteren Autor*innen führte die reine Finanzbildung dazu, dass es 22 Prozent der Menschen einer Vergleichsgruppe schafften, mehr zu sparen. In einer Vergleichsgruppe, die zusätzlich ein »finanzpsychologisches Gespräch« führte, schafften dies sogar 73 Prozent der Teilnehmer*innen.[33]

ETAPPENZIEL

Haben Sie schon einmal überlegt, wie viel Risiko Sie bei der Geldanlage eingehen wollen? Was bedeutet Geld für Sie? Gibt es Gedanken, die Ihren Umgang mit Geld beeinflussen?

Disziplin
Risikobereitschaft
ANGST
&
GIER
Liqui-
dität
finan-
zielles
Grund-
wissen
Finanz-
planung
ROUTE
Ziel
MO
DI
Wetterlage

Siebtes Kapitel

Der meteorologische Börsenbericht

oder: Warum Sie auch bei schweren Kursunwettern die Nerven behalten sollten

Die Assetklassen sind Ihnen nun bekannt, ebenso haben Sie sich mit Ihrem eigenen Risikoprofil befasst. Wenn Sie sich nun der Börse zuwenden, dann ist es das eine, gut informiert und vorbereitet zu sein. Das andere ist das »Eigenleben« der Kurse.

So wie auch ein*e Wander*in das Wetter nicht beeinflussen kann, so herrscht auch bei den Börsenkursen mal eitel Sonnenschein, mal pfeift Ihnen der Sturm um die Ohren. Klar, es gibt Vorhersagen, an denen man sich orientieren kann. Aber man kann sich nie einhundertprozentig sicher sein.

Die häufigste Frage, die ich in Beratungsterminen gestellt bekomme, lautet deshalb vielleicht auch: »Die Börse steht schon so hoch; sollen wir nicht auf den nächsten großen Abschwung warten und dann erst einsteigen?«

Diese Überlegung ist nachvollziehbar. Allerdings gilt auch: Wann der nächste Crash kommt und wie lange dieser Abschwung dauert, kann Ihnen niemand beantworten. Dieses Timing ist sehr schwierig beziehungsweise so gut wie unmöglich. Vielmehr sollten wir uns auf das konzentrieren, was wir tatsächlich kontrollieren können. Denn Börsenturbulenzen werden immer wieder auftreten, genauso wie Unwetter. Man würde auch nicht wochenlang an der Talstation warten, weil vielleicht irgendwann ein Gewitter aufziehen könnte, obwohl gerade strahlender Sonnenschein herrscht.

Was uns widerstandsfähig gegen Börsenturbulenzen macht, sind unser finanzielles Grundwissen und unsere ausführliche Finanzplanung. Die Finanzroute haben wir anhand unserer Kenntnisse und Erfahrungen ausgewählt und dabei unsere Risikobereitschaft berücksichtigt. Wir haben ausreichend Liquidität, um Durststrecken zu überbrücken, und kennen unser langfristiges Ziel. Disziplin ist jetzt das oberste Gebot.

Sparer*innen, die regelmäßig investieren, haben den Vorteil, dass sie bei fallenden Börsenkursen günstiger nachkaufen. So profitieren sie vom sogenannten Cost-Average-Effekt, also dem Durchschnittskosteneffekt. Steigen die Kurse, bekommen wir für unser Geld weniger Wertpapiere/Fondsanteile. Fallen die Kurse, bekommen wir umgekehrt mehr

Wertpapiere/Fondsanteile für das gleiche Geld. Wenn Sie zum Beispiel jeden Monat Anteile an einem Fonds für 100 Euro kaufen, dann bekommen Sie bei schwankenden Kursen im Januar für 100 Euro genau einen Fondsanteil, im Februar 0,7 Anteile und im März 1,6 Fondsanteile. Nach drei Monaten würden Sie 3,3 Fondsanteile besitzen. Hätten Sie im Januar die 300 Euro auf einmal investiert, hätten Sie hingegen lediglich drei Fondsanteile erworben.

Mit dieser einfachen Methode können wir das Dilemma des Market-Timings umgehen, also den perfekten Zeitpunkt des Investierens. Der Durchschnittskosteneffekt sollte jedoch nicht überbewertet werden. Viele Anleger*innen sparen aus dem monatlichen Einkommen heraus, sodass sich diese Sparweise automatisch ergibt. Es gibt außerdem seit vielen Jahren Diskussionen, wie wirksam der Cost-Average-Effekt wirklich ist.

In der Statistik zeigt sich nämlich, dass die Investitionen in Einmalanlagen häufig besser abgeschnitten haben, da die Kurse der meisten Wertpapiere langfristig steigen. Dann wäre es wiederum vorteilhafter gewesen, einen größeren zur Verfügung stehenden Geldbetrag als Einmalsumme zu investieren, statt nach und nach bei steigenden Kursen zu kaufen.

Zusammenfassend kann man sagen, dass der Cost-Average-Effekt für Anleger*innen sinnvoll ist, die über ihr monatliches Einkommen Sparpläne besparen, risikoscheuer sind und eine langfristige Anlagestrategie verfolgen.

Ganz unabhängig davon, wie vorteilhaft oder nutzlos der Cost-Average-Effekt ist, ein anderer Umstand ist sehr, sehr eindeutig. Der größte Fehler, den die meisten Anleger*innen beim ersten Börsencrash machen, ist, nicht diszipliniert zu bleiben und mitten im Börsenabschwung zu verkaufen. Auch ich habe diesen Fehler während meiner Zeit als Bankauszubildende gemacht. Zu Beginn meiner Ausbildung 1999 habe ich monatlich einen internationalen Aktienfonds bespart und eine Zeit lang attraktive Kursgewinne erzielt. Dann platzte im Jahr 2000 die Dotcom-Blase. Der 11. September 2001 gab mir das Gefühl, dass jetzt die Welt untergehen würde. Meine Kolleg*innen in der Bank waren alle gleichermaßen sprachlos, und am Tiefpunkt des Börsenabsturzes verließ mich auch noch der letzte Mut, an meinem Sparplan und den Investmentanteilen festzuhalten. Hätte ich im Vorfeld verstanden, dass die Langfristigkeit meines Sparplans essenziell wichtig ist und Krisen an den Börsen immer wieder vorkommen – ich hätte diesen Fehler nicht begangen. Auch mit dem Blick zurück kann ich konstatieren: Disziplin zahlt sich langfristig aus. Was mir damals auch geholfen hätte: ein persönliches Risikoprofil zu erstellen und die Summe ins Verhältnis zum Gesamtvermögen zu setzen. Daher kann ich sehr gut aus eigener Erfahrung sprechen und hoffe, dass Sie nicht den gleichen Fehler machen müssen.

Seit ich kurz nach der Jahrtausendwende Lehrgeld bezahlen musste, haben wir übrigens weitere Börsenkrisen durchlebt und überwunden: die Lehman-Brothers-Pleite und Hypothekenbank-Krise 2008/09, die Atomkatastrophe in Fukushima/Japan 2011 und die Corona-Pandemie 2020. Vor jeder dieser Krisen konnten Sie garantiert irgendwo lesen, dass es diesmal viel schlimmer werde und endgültig bergab gehe. Allein: Der Markt hat sich bisher noch jedes Mal erholt.

Die Tulpenmanie (1637)

Kennen Sie die Urmutter aller Finanzkrisen? Kaum zu glauben, aber wahr: Tulpenzwiebeln waren in den Niederlanden im Jahre 1637 das begehrteste Investitionsobjekt. Diese importierte und exotische Pflanzengattung der Liliengewächse erfreute sich zunehmender Beliebtheit. Irgendwann war die Nachfrage so immens angestiegen, dass das bestehende Angebot an Tulpenzwiebeln zu astronomischen Preisen verkauft wurde. Die Käufer*innen waren der Meinung, dass der Trend ewig anhalten würde. Den Erzählungen nach investierten sie große Mengen ihres Gesamtvermögens in diese Tulpenzwiebeln. Besondere Exemplare sollen den Wert einer Kutsche samt Pferden gehabt haben. Es kam, wie es kommen musste: Als die ersten Tulpenzwiebelinvestor*innen am Zenit der Handelspreise »Kasse« machten, dauerte es nicht lange, bis weitere folgten und die Preise schnell ins Bodenlose fielen. Was blieb, waren ruinierte, hoch verschuldete Anleger*innen, denn viele hatten sogar Kredite aufgenommen, um in den boomenden Tulpenzwiebelhandel einzusteigen.

Das Beispiel der überteuerten Tulpenzwiebeln zeigt deutlich, dass neben Angst auch Gier ein schlechter Ratgeber ist. Wenn Sie nur investieren, um sehr schnell sehr viel Geld zu verdienen, dann fehlt Ihrer gesamten Anlagepolitik die Substanz.

Es endet immer gleich: Es gibt schlussendlich einige Gewinner*innen und ganz viele (gierige) Verlierer*innen. Niemand, aber wirklich niemand kann vorhersagen, wann sich der nächste Börsencrash ereignet. Daher sollten Sie das Market-Timing vernachlässigen und den kommerziellen Lärm von angeblichen Börsengurus und Crashpropheten ausblenden. Denn die spielen ganz gezielt mit unserem Grundbedürfnis nach Sicherheit. Doch wie verhält man sich am besten in einer Finanzkrise, wenn es so weit ist?

Im Idealfall haben Sie eine Liquiditätsreserve von drei bis sechs Nettomonatsgehältern auf einem Tagesgeldkonto geparkt, sodass ein Liquiditätsengpass kein Grund zum Verkauf des Wertpapierdepots ist. Außerdem sollten Sie sich vor der Investition eingehend mit Ihrer persönlichen Risikobereitschaft auseinandergesetzt haben. Das heißt, Sie sollten nicht nur ein prozentuales Verlustrisiko von zum Beispiel 30 Prozent akzeptieren können, sondern diesen Betrag auch in Euro kennen. Visualisieren Sie die Summe, und spielen Sie gedanklich bestmöglich durch, wie sich so ein Buchwertverlust emotional anfühlt.

Häufig überschätzen wir leider, welche Fortschritte kurzfristig möglich sind, und unterschätzen im Gegenzug, was wir langfristig mit kleinen Schritten erreichen können. Das heißt auf den Vermögensaufbau bezogen: Lieber so früh wie möglich kleine Sparbeträge stetig und konsequent investieren, statt kurz vor der Rente große Beträge in waghalsige Anlageformen zu stecken, um die verlorenen Jahrzehnte wieder einzuholen.

Wichtig ist auch: Behalten Sie Ihren Anlagehorizont im Auge, mindestens sieben bis zehn Jahre sollten es sein.

»Nicht jede Wolke erzeugt ein Gewitter.«

William Shakespeare

SUSTAINALYTICS
vigeoeiris
MSCI
ISS ESG
Rating
Orientierung
FNG-SIEGEL
ECOreporter
SIEGEL

Achtes Kapitel

Siegel und Ratings: Nützliche Orientierungshilfen im Dschungel der nachhaltigen Anlagen?

Ich weiß nicht, ob Sie Wandervereine kennen. Falls ja, dann kennen Sie vielleicht die vielen Auszeichnungen und Medaillen, die für das Bewältigen einer berühmten Wanderstrecke verliehen wurden. Während diese Auszeichnungen heute eher im Regal verstauben, gab es mit dem Aufkommen des Internets und dem Überangebot an Informationen einen regelrechten Boom bei Auszeichnungen der anderen Art: den Siegeln.

Nehmen wir das Bio- oder Öko-Siegel bei Lebensmitteln als Beispiel. Diese Bezeichnungen sind rechtlich geschützt, sodass wir uns darauf verlassen können, dass entsprechend gekennzeichnete Lebensmittel nach den Vorschriften der EG-Ökoverordnung hergestellt wurden.

Bei Kleidung gibt es seit 2019 das Siegel »Grüner Knopf«, das erste staatliche, freiwillige Siegel für fair und nachhaltig produzierte Kleidung. Bei der Einführung wurde jedoch kritisiert, dass es lediglich soziale und ökologische Mindeststandards bei der Endproduktion von Textilien berücksichtigt. Das Problem: Bis ein Kleidungsstück fertiggestellt wird, sind viele weitere Produktionsschritte erforderlich, die ebenfalls eine Rolle in der Bewertung spielen sollten.[34] Insgesamt müssen 20 Unternehmenskriterien und 26 Produktkriterien für die Siegelvergabe eingehalten werden. Das Bundesministerium für wirtschaftliche Zusammenarbeit und Entwicklung (BMZ) sieht das neue Siegel als großen Schritt in die richtige Richtung. Nichtregierungsorganisationen kritisieren dagegen, dass die öffentliche Berichterstattung mancher Firmen, die das Siegel verwenden, unzureichend oder zu allgemein ist.[35]

Außerdem gibt es bereits nichtstaatliche Siegel wie zum Beispiel das GOTS-Siegel (Global Organic Textil Standard) oder die Fair Wear Foundation. Alle diese Siegel verfolgen das Ziel, die Herstellung von Kleidung fairer zu machen. Damit enden aber auch die Gemeinsamkeiten. Aufgrund unterschiedlicher Ansätze nutzt jedes Siegel komplett unterschiedliche Bewertungskriterien. Vergleichbarkeit? Leider Fehlanzeige!

Sie ahnen es schon – bei nachhaltigen Geldanlagen verhält es sich nicht anders.

Denn das Wort »nachhaltig« ist gesetzlich nicht geschützt. Und auch eine allgemeingültige Definition des Begriffs »nachhaltig« gibt es nicht und wird es übrigens auch nie geben können. Dafür fallen zu viele gänzlich verschiedene Dinge unter diesen einen Begriff. Schauen wir uns also erst einmal an, wie die Situation aktuell aussieht.

Siegel

Derzeit gibt es circa zwanzig verschiedene Siegel für nachhaltige Geldanlagen, die aus den verschiedensten Ländern der ganzen Erde stammen. Und leider beziehen sie sich jeweils auch vornehmlich auf die Herkunftsländer. Ein übergreifendes, international bedeutendes Siegel gibt es leider noch nicht.

Die Neunzigerjahre können rückblickend als die Geburtsstunde vieler Nachhaltigkeitspionier*innen in Sachen grünes Geld gesehen werden. Bereits 1990 entstand das erste Siegel des Ministeriums für Land- und Forstwirtschaft & Umwelt in Österreich. Das »Österreichische Umweltzeichen (UZ)« wird seit 2004 für Finanzprodukte wie Investmentfonds, Green Bonds sowie Spar- und Girokonten vergeben. Themen wie Atomkraft, Rüstung oder grüne Gentechnologie dürfen in den Fonds nicht zu finden sein. Auch die Förderung von Erdgas und Erdöl durch Fracking und die Förderung von Kohle sind ebenso tabu wie Menschen- und Arbeitsrechtsverletzungen. Einmal vergeben, ist dieses Siegel vier Jahre gültig, und die Überprüfung erfolgt durch eine*n unabhängige*n Gutachter*in.

In Deutschland sind zwei Siegel besonders geläufig: das ECOreporter-Siegel und das FNG-Siegel der Qualitätssicherungsgesellschaft Nachhaltiger Geldanlagen. Aus diesem Grund stelle ich Ihnen beide Siegel näher vor.

Das ECOreporter-Siegel wurde erstmals 2013 vergeben. Insgesamt wurden seitdem drei Banken, eine Versicherung und 29 Finanzprodukte ausgezeichnet. Das Siegel hat eine Gültigkeit von einem Jahr. Wichtig ist vor allem, dass nicht nur ein einzelnes Produkt nachhaltig ist, sondern das Kerngeschäft des Anbieters. Die Messlatte der Mindestausschlusskriterien liegt sehr hoch. Ausgeschlossen werden der Bau und Betrieb von Atomenergie,* die Bereiche Waffen und Rüstung,* ausbeuterische Kinderarbeit nach ILO-Standard, praktizierte Todesstrafe und schwere Menschenrechtsverletzungen. Außerdem werden die Bereiche Gentechnik, Tierversuche, Glücksspiel und Suchtmittel ausgeschlossen. Es reicht bei diesem Siegel nicht aus, dass Anbieter ihre eigenen Nachhaltigkeitskriterien definiert haben; vor der Siegelvergabe wird immer auch geprüft, ob diese tatsächlich eingehalten werden.[36]

Das FNG-Siegel wurde 2015 im deutschsprachigen Raum eingeführt. Dem ging ein dreijähriger Entwicklungsprozess

* Hier bestehen Toleranzgrenzen von bis zu 5 Prozent.

voraus, der von Multistakeholdern begleitet wurde. Beteiligt waren Assetmanager*innen, Endanleger*innen, Ratingagenturen, NGOs, Wissenschaftler*innen, Medien, Politik, Kirche und Verbraucherschutz.

Die Methodik basiert einerseits auf Mindestkriterien. Diese beinhalten den Ausschluss von Waffen und Rüstung, Kernkraft, Kohle (Bergbau und Kohleverstromung, Fracking und Ölsande). Die vier Bereiche mit den zehn Prinzipien des UN Global Compact finden ebenfalls Berücksichtigung. Diese umfassen die Beachtung und Unterstützung internationaler Menschenrechte, die Arbeitsnormen wie zum Beispiel die Abschaffung von Kinderarbeit, den Umweltschutz und den Bereich »Korruption«.

In einem weiteren Stufenmodell werden außerdem die institutionelle Glaubwürdigkeit, die Produktstandards sowie das Portfolio an sich in den Fokus genommen. Je größer das prozentuale Ergebnis (Abstufungen zwischen mehr als 25 Prozent, mehr als 50 Prozent und mehr als 70 Prozent), umso mehr Sterne erhält der bewertete Investmentfonds. Das Siegel gibt es in vier Ausgestaltungsformen: Beginnend ohne Stern, bis hin zu drei von drei Sternen. Die Universität Hamburg ist Auditor des FNG-Siegels, um die Unabhängigkeit zu gewährleisten. Darüber hinaus überwacht ein Multistakeholder-Komitee das ganze Prozedere und ist gleichzeitig das Beratungsgremium. Fondsgesellschaften müssen den entsprechenden Fonds selbst zum Bewerbungs- und Prüfverfahren anmelden und eine

Anmeldegebühr entrichten. Weder diese Gebühr noch die Mitgliedschaft im FNG e.V. hat Einfluss auf die Siegelvergabe. Wie das ECOreporter-Siegel ist das FNG-Siegel ein Jahr gültig.

Nachdem Sie nun zwei Siegel kennengelernt haben, die im deutschsprachigen Raum bedeutend sind, möchte ich Ihnen das EU-Ecolabel (for Retail Financial Products) vorstellen. Dieses Label gibt es europaweit bereits für Produkte wie Waschmittel, Windeln, Shampoos oder Campingplätze. Nun soll es auf Finanzprodukte wie Fonds, fondsgebundene Versicherungen, Spar- und Girokonten ausgeweitet werden, um die Klimaziele zu erreichen. Angelehnt an die EU-Taxonomie, liegt derzeit der dritte Entwurf vor, der 159 Seiten umfasst. Dieses Siegel soll das erste europaweit gültige Gütesiegel für nachhaltige Finanzprodukte sein. Bis Ende 2021 sollen die jetzigen Verhandlungen abgeschlossen sein, sodass sich Finanzprodukte ab 2022 dafür bewerben können. Es sind noch sehr viele Fragen offen, und eine weitere Verzögerung könnte sich dadurch ergeben, dass die zugrunde liegenden sechs Bereiche der EU-Umwelttaxonomie erst einmal komplett dekliniert werden müssen. Nach den ersten Auswertungen würde lediglich eine Handvoll Fonds die vorgegebenen Kriterien erfüllen. Das liegt vor allem daran, dass das Siegel primär Umweltkriterien berücksichtigt. Nachhaltigkeitsfonds sollen jedoch eine breite Risikostreuung bieten und im Idealfall soziale Themen sowie gute Unternehmensführung ebenfalls mitberücksichtigen.

Es muss also noch weitergefeilt werden, damit dieses neue Siegel für die große Vielfalt an Finanzprodukten anwendbar ist und kein Nischendasein fristet.[37]

Wichtig für Ihre Anlageentscheidung ist Folgendes: Siegel dienen als Orientierungshilfe und nie als Freifahrtschein für das grüne Gewissen. Kritische Anleger*innen sollten sich mit der jeweiligen Bewertungsmethodik der unterschiedlichen Siegel vorab beschäftigen, um gerade beim Thema »Toleranzgrenzen« nicht enttäuscht zu werden. Denn im Bereich der »Kontroversen« und »normbasierten Ausschlüsse« findet man häufig eine Toleranzgrenze von 5 Prozent. Das liegt daran, dass Konzerne häufig mit einer Vielzahl von Zulieferern zusammenarbeiten und diese wiederum Subunternehmen beauftragen. Schnell kann dadurch die gesamte Wertschöpfungskette intransparent werden. Zudem gibt es die sogenannte Dual-Use-Problematik bei Produkten, die zwei Anwendungsbereiche haben: privatwirtschaftlich und militärisch. Hier ein paar Beispiele zum besseren Verständnis: Eine Software, die eigentlich für den heimischen Computer programmiert wurde, wird gleichzeitig vom Militär genutzt. Oder auf einer Eisenbahnstrecke, die für den Personen- und Frachtverkehr gebaut wurde, werden Panzer transportiert. Sogar Kleidung kann darunter fallen, wenn ein Hersteller von Outdoorkleidung einen Stoff entwickelt, der nachher für die Grundausrüstung von Soldat*innen verwendet wird.

Siegel sagen nichts über den wirtschaftlichen Erfolg einer Anlage aus und werden aus einer Rückschau vergeben.

Ratings

Wenn Sie bereits nach nachhaltigen Anlagen gesucht haben, dann wird es Ihnen schon aufgefallen sein: Das Einholen von Informationen zu Produkten, die der eigenen Definition von Nachhaltigkeit entsprechen, ist sehr zeitaufwendig. Anbietern von Finanzprodukten geht es auf eine andere Weise ähnlich. Denn der EU-Aktionsplan konfrontiert sie mit einer Vielzahl an Berichts- und Offenlegungspflichten, die eingehalten werden müssen. Gut, dass es Ratingagenturen gibt, die sich auf das Liefern von Daten spezialisiert haben und die enorm wachsende Menge an Informationen verarbeiten können.

Der Markt der nachhaltigen Anbieter ist in den letzten Jahren ordentlich in Bewegung gekommen, und es erfolgten einige Zusammenschlüsse und Übernahmen. Nachfolgend liefere ich eine Auflistung der größten und bekanntesten Anbieter.

ISS-ESG

Die Historie dieser Ratingagentur reicht zurück ins Jahr 1993, als oekom research mit Sitz in München als Pionier im Bereich des Nachhaltigkeitsratings gegründet wurde. 2018 fusionierte das Unternehmen mit dem US-Stimmrechtsdienstleister Institutional Shareholder Services (ISS). Im November 2020 kam dann überraschenderweise die Übernahme durch die Deutsche Börse AG, die sich damit als ein weltweit führender Anbieter von Nachhaltigkeitsinformationen positioniert hat.

Sustainalytics

Diese Ratingagentur ist entstanden durch den Zusammenschluss von drei europäischen Nachhaltigkeitsratingagenturen sowie einem kanadischen Anbieter, der ebenfalls Anfang der Neunzigerjahre gegründet wurde. Sustainalytics hat sich auf die Analyse und Bewertung der Nachhaltigkeitsdienstleistungen von Unternehmen und Ländern spezialisiert und ist ebenfalls ein führender Anbieter von Nachhaltigkeitsanalysen. Das Unternehmen gehört zur »Morningstar«-Familie.

MSCI ESG Research

Dieser Anbieter ist nach eigenen Angaben der weltweit größte Anbieter von Nachhaltigkeitsanalysen und Ratings im Bereich »Umwelt, Soziales und Unternehmensführung« (ESG) und ein Tochterunternehmen des bekannten Indexanbieters und Finanzdienstleisters MSCI.[38] Vor allem Banken, Versicherungsunternehmen, Assetmanager*innen und Beratungsunternehmen nutzen die Dienstleistungen.

Vigeo Eiris – imug | rating

Ebenfalls ein Schwergewicht auf der Bühne der Nachhaltigkeitsratingagenturen. Entstanden ist das Unternehmen durch den Zusammenschluss des französischen Anbieters Vigeo und des britischen Unternehmens Eiris. Der deutsche Partner imug | rating gehört zum Vigeo-Eiris-Netzwerk, das einen besonderen Fokus auf globale Nachhaltigkeitsanalysen von Aktien und Anleihen legt.

Die Ratingagenturen aus der konventionellen Anlagewelt sind dagegen oft deutlich bekannter. Die drei größten Ratingagenturen der Welt sind Standard & Poor's, Fitch Ratings und Moody's. Spezielle Fondsratings werden vor allem von den amerikanischen Ratingagenturen wie Morningstar und Lipper erstellt sowie durch die deutschen Ratingagenturen Feri und Scope. Ihre Ratings können helfen, den Dschungel an Fondsalternativen zu lichten. Es wird vor allem zwischen quantitativen und qualitativen Fondsratings unterschieden. Bei den quantitativen Fondsratings werden vergangenheitsbezogene Daten wie die Wertentwicklung, die Schwankungsbreite (Volatilität) und andere Renditerisikokennziffern verwendet. Das Ergebnis ergibt dann ein Ranking, das mit Vergleichsgruppen (Peergroups) abgeglichen werden kann. Bei den qualitativen Fondsratings werden deutlich mehr Informationen ausgewertet. Dazu gehören unter anderem die Qualität des Fondsmanagements, die Anlagegrundsätze oder der Managementstil.

Qualitative Fondsratings sind deshalb insgesamt zukunftsgewandter. Die Ergebnisse dieser Ratings werden durch die Anzahl vergebener Sterne oder Globen, durch Noten oder Buchstaben ausgedrückt. Auch Skalen von positiv bis negativ, Gold bis Bronze sind üblich. Sie dienen also als zusätzliche Orientierungshilfe und sind keine Garantie für zukünftige Wertentwicklungen.

Anlagepraxis: So könnte Ihr Portfolio aussehen

Vielleicht wissen Sie nicht genau, wie Sie nach all diesen Informationen am besten starten sollten? Ich habe darum drei nachhaltige Portfoliovarianten für Einsteiger*innen überlegt. Hier finden Sie diese drei Musterbeispiele, die lediglich zur Veranschaulichung dienen und weder eine Anlage- noch eine Handlungsempfehlung darstellen.

Musterbeispiel 1

Julia, 24 Jahre alt, Angestellte, lebt in einer Partnerschaft, keine Kinder. Nachhaltigkeit ist Julia wichtig, aber sie hat keine speziellen Präferenzen, eine mittlere Risikobereitschaft und einen Anlagehorizont von mehr als 15 Jahren. Ihre Liquiditätsreserve besteht bereits bei einer nachhaltigen Bank. Die Anlage sieht sie als weiteren Baustein für die Altersvorsorge, denn es besteht eine Versicherungspflicht bei der Deutschen Rentenversicherung, und sie zahlt zusätzlich monatlich in eine Direktversicherung (betriebliche Altersvorsorge) über den Arbeitgeber ein; sie hat ein eigenes Depot bei einer Onlinebank eröffnet und will 500 Euro monatlich über einen Sparplan anlegen.

Der monatliche Sparplan wird aufgeteilt in 10 Investitionen von je 50 Euro monatlich: ein grüner Rentenfonds, ein Mikrofinanzfonds, ein Immobilienfonds, drei global investierende hellgrüne Aktien-ETFs und vier verschiedene nachhaltige Aktienfonds.

Musterbeispiel 2

Beate (47) und Frank (52), beide im öffentlichen Dienst tätig, haben zwei Kinder (18 und 19), wohnen in einer Eigentumswohnung mit einer restlichen Finanzierungslaufzeit von acht Jahren. Beate hat 65.000 Euro geerbt und möchte davon 30.000 Euro nachhaltig anlegen. Beide Kinder sollen jeweils 10.000 Euro geschenkt bekommen und diese als Grundstein für die eigene Altersvorsorge grün anlegen. Die Liquiditätsreserve ist vorhanden und durch die Erbschaft aufgestockt für Sondertilgungen des Immobiliendarlehens. Beide Kinder möchten ein Onlinedepot, sich jedoch vorerst nicht selbst um die Depotzusammenstellung kümmern. Beim unabhängigen Portal »Brokervergleich« schauen sie sich nachhaltige Robo-Advisors an und entscheiden sich für einen Anbieter, der aus ihrer Sicht die strengste nachhaltige Anlagephilosophie anbietet. Es soll nicht in fossile Brennstoffe, Massentierhaltung, Kinderarbeit und Atomkraft investiert werden. Die Aktienquote wird anhand der Onlinefragen des Anbieters vorgeschlagen. Das Portfolio besteht aus über 15 verschiedenen global ausgerichteten Aktien-, Renten-, Immobilienaktien- und Mischfonds.

Die Kinder haben außerdem die Möglichkeit, jederzeit einen monatlichen Sparplan einzurichten, sobald sie ein eigenes Einkommen beziehen.

Beate entscheidet sich, die 30.000 Euro so anzulegen, dass sie ab dem 65. Lebensjahr eine zusätzliche lebenslange Rentenzahlung erhält. Dafür legt sie das Geld in einer privaten Fondsrentenversicherung eines finanzstarken Anbieters an – mit einem ausgewogenen nachhaltigen Portfolio unter Berücksichtigung der ESG-Kriterien.

Musterbeispiel 3

Frank (62) und Klaus (64) waren über zwei Jahrzehnte selbstständig, haben ihre Firma verkauft und wollen nun ihren Lebensabend gemeinsam genießen. Insgesamt liegen derzeit 175.000 Euro auf einem Tagesgeldkonto.

55.000 Euro davon werden auf einem Tagesgeldkonto einer nachhaltigen Bank geparkt, um die Zeit zu überbrücken, bis die verschiedenen Altersvorsorgeverträge ausbezahlt werden. Für 5.000 Euro werden Genossenschaftsanteile der Bank erworben.

Beide sind sozial engagiert und durch die langjährige Selbstständigkeit auch diversen Risiken ausgesetzt gewesen. Sie bezeichnen sich als risikobewusste Anleger und möchten mit einem Teil des Anlagebetrages eine direkte positive Wirkung erzielen. Ihr Anlagehorizont beträgt mehr als zehn Jahre. Für die verbleibenden 115.000 Euro wünschen sie sich daher eine Mischung aus Do-it-yourself-Depot und digitaler Vermögensverwaltung, auch um zu sehen, wer langfristig besser abschneidet.

Jeweils 25.000 Euro werden in zwei verschiedene nachhaltige Robo-Advisors investiert – in eine aktive Fondsstrategie sowie in eine passive ETF-Strategie. Neben diesen 50.000 Euro legen sie ihr Geld folgendermaßen an: Frank investiert jeweils 5.000 Euro in zwei verschiedene Crowdfunding-Projekte, wohlwissend, dass es sich bei beiden um Nachrangdarlehen handelt, die ein Totalverlustrisiko beinhalten, falls die Projekte nicht wie geplant laufen.

Klaus ist dagegen ein Fan von Einzelaktien und investiert jeweils 5.000 Euro in fünf verschiedene nachhaltige Aktien. Diese direkten Anlagen haben einen Gesamtumfang von 25.000 Euro. Außerdem kaufen sie noch Anteile von nachhaltigen ETFs, von einem Mikrofinanzfonds sowie von zwei verschiedenen Impactfonds zu jeweils 5.000 Euro. Hier investieren sie also 30.000 Euro.

Resümee und Schlussgedanken

Sie haben es sicher spätestens bei den Musterbeispielen gemerkt: In diesem Buch habe ich ganz bewusst auf die Nennung von expliziten Wertpapieren verzichtet. Das liegt vor allem daran, dass das Produktangebot von nachhaltigen Geldanlagen sich mittlerweile rasant erweitert und die konkreten Ideen aus diesem Buch damit eine relativ kurze Halbwertszeit hätten. Die Umsetzung des EU-Aktionsplans bringt eine bisher unbekannte Geschwindigkeit in der Transformation unseres Finanzmarktes mit sich.

Stattdessen haben Sie die Evergreens des Anlegens kennengelernt, damit Sie die unendliche Vielfalt der Anlagemöglichkeiten besser überblicken und eine selbstbestimmte Wahl treffen können. Dazu gehören die richtige Assetklasse wie auch ein für Sie tragbares Risiko. Denn wenn die Rendite stimmen soll, dann braucht es auch etwas Mut und Wagnis, aber kein kopfloses Agieren. Wie beim Wandern gilt: Je risikoreicher das Terrain, desto besser muss man ausgerüstet sein. Beim alpinen Wandern mögen das Steigeisen oder Kletterseile sein, bei risikoreichen Geldanlagen sind es Fachwissen, Disziplin und

Erfahrung. In diesem Sinne kann es nicht verkehrt sein, wenn Sie sich allmählich von den weniger risikoreichen Produkten zu Anlagen vortasten, die mehr Rendite bringen.

Und das werden zukünftig eben vor allem auch nachhaltige Investitionen sein. Was jahrzehntelang als ideale und konventionelle Anlagestrategie galt, wird sich durch die neuen gesetzlichen Vorgaben zur Eindämmung der Klimakrise komplett verschieben. Nachhaltige Finanzen sind kein Trend, sondern ein Systemwechsel. Je früher wir uns mit den neuen Bestimmungen vertraut machen, umso einfacher stellen wir uns auf diesen fundamentalen Wandel ein.

Aber ich möchte Ihnen an dieser Stelle auch noch eine andere Perspektive aufzeigen: Anlegen ist Kopfsache. Und im Kopf schwirren jede Menge Dinge herum, die unser Verhältnis zum Thema Geld beeinflussen. Wie beim Wandern ist es darum wichtig, dass wir auf leichtes Gepäck achten. Welchen emotionalen Ballast schleppen wir mit uns herum? Wäre es nicht schön, dieses unnötige Gewicht und negative Glaubenssätze loszuwerden?

Sobald wir uns näher mit der Herkunft von Renditen beschäftigen, sobald wir uns damit auseinandersetzen, wie unsere Lebensmittel, Kleidung und sonstigen Konsumgüter hergestellt werden, kommt zwangsläufig die Frage auf: Wie viel ist eigentlich genug, und macht uns das immer mehr an Konsumgütern tatsächlich glücklicher? Die Anhänger*innen der Minimalismusbewegung berichten unisono, wie befreiend weniger Zeug ist.

Da kommen wir unweigerlich zur nächsten Frage: Wie viel Geld brauchen wir eigentlich, um glücklich zu sein? Ein Team von Psycholog*innen der amerikanischen Purdue University hat diese Frage wissenschaftlich untersucht und Folgendes herausgefunden: Die Einkommensschwelle, ab der bei einem/einer Alleinstehenden das Wohlbefinden nicht weiter ansteigt, liegt demnach bei einem Jahresbruttoeinkommen von 95.000 US-Dollar (circa 80.000 Euro).[39] Dieser Wert bezieht sich auf die Bewertung der eigenen Leistung im Vergleich zu anderen und anhand von selbst gesteckten Zielen. Die Einkommensschwelle für die höchste emotionale Lebenszufriedenheit, also unsere tägliche Gefühlswelt, liegt dagegen bei 60.000 (circa 51.000 Euro) bis 70.000 US-Dollar. Höhere Einkommen bringen oft längere Arbeitszeiten, höhere Arbeitsbelastung und mehr Verantwortung mit sich.

Eine weitere Untersuchung hat aufgedeckt, dass bei Lottogewinner*innen spätestens nach zwei Jahren das anfängliche Glücksgefühl verloren geht.[40] Es ist nachgewiesen, dass Menschen nur schlecht vorhersagen können, welche emotionalen Reaktionen zukünftige Ereignisse bei ihnen auslösen werden. Dieses Phänomen heißt »Affective forecasting«. Werden wir langfristig glücklicher sein, weil wir ein neues und teures Auto fahren oder die extravagante Designer-Handtasche oder die teure Uhr gekauft haben? Werden wir langfristig glücklicher sein, wenn wir im Lotto gewonnen haben? Wir vermuten und hoffen es, aber Untersuchungen sprechen eine andere Sprache.

Trotzdem wird in Deutschland eher Lotto gespielt, als ein finanzielles Fundament zu bilden. Doch wenn es darum geht, etwas zu finden, was glücklich macht, müssen wir uns ohnehin von Spekulationen und Gewinnen verabschieden. Das, was wirklich glücklich macht, sind Bindungen zu anderen Menschen, Zeit in der Natur, unsere Selbstbestimmung und Freiheit.

Aus diesem Grund habe ich das nachfolgende Interviewkapitel ins Buch aufgenommen. Der Mitautor des Buches »All you need is less«, Prof. Dr. Niko Paech, ist einer der bekanntesten Wachstumskritiker und führender Vordenker der Postwachstumsökonomie im deutschsprachigen Raum. In einem gemeinsamen Gespräch haben wir einige Schlaglichter auf unser heutiges Wirtschaftssystem geworfen.

»Entweder wir ändern uns, oder wir werden geändert.«

Interview mit Niko Paech

In wenigen Jahren ist das Thema Finanzbildung gerade bei jungen Menschen deutlich präsenter geworden. Sehr begrüßenswert, da es immer wichtiger wird, dass wir uns um unsere eigenen Vermögensanlagen und die Altersvorsorge kümmern. An Universitäten werden nach wie vor Wirtschaftsmodelle gelehrt, die auf dem Wachstumsdogma fußen. Wie bringen wir die Notwendigkeit der Vorsorge in Einklang mit einem Wirtschaftssystem, das in Hinblick auf die planetaren Grenzen offenbar völlig veraltet ist?

NIKO PAECH · Wenn Altersvorsorge auf Vermögensanhäufung gründet, der keine Obergrenze gesetzt wird, resultiert daraus ein Verteilungsproblem, das sich nach vorherrschender Logik nur auf dem Rücken der Ökosphäre austragen lässt, nämlich durch Wachstum. Die beste Vorsorge bestünde darin, von möglichst vielen überflüssigen Bedarfen unabhängig zu werden, um die

Finanzlast im Alter zu mildern. Dazu trägt bei, soziale Netze aufzubauen und an diesen aktiv mitzuwirken, um gemeinschaftliche Versorgungspraktiken bis ins hohe Alter aufrechtzuerhalten. In Würde zu altern gelingt nicht auf Kreuzfahrten oder auf der Skipiste, sondern durch sinnstiftendes Engagement und vorbildhafte Genügsamkeit vor Ort, womit zugleich mehr soziale Sicherheit entsteht.

*Die Grünen als Partei kommen Ihrem Urteil nach nicht sonderlich gut weg, Stichwort: Heuchelei der Politik. Durch den Greta-Effekt merken wir jedoch, dass sich immer mehr Menschen, ob jung oder alt, politisch engagieren. Diese Menschen leben bereits einen deutlich nachhaltigeren Lebensstil und sind dazu intrinsisch motiviert. Ist ein Wertewandel im Vergleich zum heutigen Typ von Politiker*in nicht doch realisierbar?*

NIKO PAECH Kürzlich schrieb eine kluge taz-Journalistin, das Naturverständnis der Grünen sei nicht ökologisch, sondern technologisch. Die Grünen verkörpern heute jene Leute, vor denen sie selbst gewarnt haben, als sie sich gründeten. Aber das liegt nicht an Heuchelei, sondern am politischen Machtanspruch, der nur durch verführerische Angebote an die akademisierte und komfortabel lebende Mittelschicht zu erfüllen ist. Als überzeugter Demokrat kann ich den Grünen kaum vorwerfen, ein Spiegel dieser Gesellschaft zu sein. Ob Fridays for Future hier eine Wende bewirkt, hängt erstens davon ab, inwieweit sich die Verbindung von grüner Fortschrittsorientierung löst, und zweitens davon, ob es bei lautstarker Symbolik bleibt oder eine Generation heranwächst, die die Fehler vorangegangener Aufbrüche vermeidet, indem sie die Gesellschaft durch zukunftsfähige Lebensstile, insbesondere eine konsequente Verweigerung ökosuizidaler Handlungsweisen, herausfordert. Nicht hehre Worte, sondern nur gelebte Praxis hat eine verändernde Wirkung.

Sie sind Teil der Suffizienzbewegung, die sich der Wachstumsideologie und dem exponentiellen Konsumverhalten verweigert. Als Gewinn winkt mehr Zeit – mehr Zeit für den Müßiggang und für tiefe soziale Kontakte. Warum fällt es uns so schwer, diesem Mehrwert mehr abzugewinnen und weniger das Gefühl von Verzicht zu spüren?

NIKO PAECH Darauf gibt's mehr Antworten, als in ein dickes Buch passen, deshalb greife ich nur zwei heraus. Erstens haben wir Genügsamkeit verlernt, und der Mensch führt nur aus, was er geübt hat. Wissen, Bildung und Überzeugung allein reichen nicht. Es mangelt an Vorbildern, deren gelebte Suffizienz es anderen erleichtert, ähnliche Abrüstungsschritte einzuüben. Zweitens oder alternativ dazu ließe sich auch konstatieren, dass es an Leidensdruck beziehungsweise unausweichlichen Anlässen zur Anspruchsreduktion, etwa Krisen, fehlt. Mindestens einer dieser beiden Gründe wird absehbar entfallen. Oder in anderen Worten: Entweder wir ändern uns, oder wir werden geändert.

Die Entwicklung von Technologie unterliegt ebenfalls einem exponentiellen Wachstum. Staaten sind im ständigen Wettkampf, als Erste neue technologische Errungenschaften zu präsentieren. Ist der Homo sapiens einfach nicht für den Müßiggang konzipiert?

NIKO PAECH Nicht für den Müßiggang geschaffen zu sein heißt keineswegs, der technologischen Steigerungsdynamik auf den Leim gehen zu müssen. Hyperaktiv kann ich auch im Handwerk, in der Poesie, beim Wandern, beim Reparieren oder beim Erlernen eines Saxophonsolos von Cannonball Adderley sein. Und umgekehrt gilt: Der Innovationswahn lebt doch selbst von einem Mußeversprechen, weil KI und Roboter die zeitraubende Drecksarbeit erledigen sollen.

Die nachhaltige Geldanlage hat den Mainstream erreicht. Es gibt viele Investitionsmöglichkeiten: von hellgrün bis dunkelgrün, mit großer Wirkung oder geringerer Wirkung. Bildet diese neue Denkweise, besonders angetrieben von den Millenials und Zoomern, ein neues Fundament, auf dem wir ein nachhaltigeres Wirtschaftssystem aufbauen können?

NIKO PAECH Nein, die Wiedererlangung der ökologischen Überlebensfähigkeit lässt sich natürlich nicht kaufen, sondern setzt voraus, so wenig wie möglich kaufen oder investieren zu müssen. Nachhaltigkeit ist keine Kunst des zusätzlichen Bewirkens, sondern des klugen Unterlassens. Trotzdem muss mit dem Geld- und Vermögensüberhang irgendwie verantwortlich umgegangen werden, um den Schaden gering zu halten. Natürlich sind dann erstens »grüne« und zweitens renditearme Anlagen die beste Wahl.

Gibt es weitere Suffizienzbewegungen in der Welt, und wenn ja, was können wir voneinander lernen?

NIKO PAECH Aber klar, denken wir etwa an die Buen-Vivir-Bewegung Lateinamerikas, an die Politik des Staates Bhutan, die seinerzeit mit dem Namen Gandhi assoziierte indische Befreiungsbewegung oder an die ökologischen Lebensgemeinschaften beziehungsweise Ökodörfer. Was sich daraus ableiten lässt, hat für die historisch einmalige Herausforderung zeitgenössischer Konsumgesellschaften zwar nur begrenzte Relevanz, aber eines lässt sich verallgemeinern: Eine hohe Lebenszufriedenheit ist keine Frage des materiellen Reichtums.

*Das Thema »Bedingungsloses Grundeinkommen« fällt mir sofort im Zusammenhang ein. Wenn wir viel weniger Waren benötigen, dann benötigen wir nicht nur weniger Ressourcen, sondern auch viel weniger Arbeitskräfte. Die größte Kritik, die oft mit der Veränderung des Status quo einhergeht, ist, dass diese nicht bezahlbar sei. Was entgegnen Sie diesen Kritiker*innen?*

NIKO PAECH Dass durch eine Transformation zur Postwachstumsökonomie weniger Arbeitskräfte benötigt werden, betrifft die Industrieproduktion. Durch eine Umverteilung der reduzierten Arbeitsnachfrage, aus der eine 20-Stunden-Woche resultiert, ließe sich Vollbeschäftigung erreichen. Die freigestellten 20 Stunden bilden dann eine Basis für ergänzende Selbstversorgung auf modernem Niveau: Gemeinschaftsnutzung, eigene Produktion und vor allem Nutzungsdauerverlängerung durch Reparatur. Das soll nicht bezahlbar sein? Umgekehrt: Nur das ist bezahlbar, weil es vom ständigen Neukaufen entlastet.

Vielen Dank für diese Einblicke!

Nachschlagewerk für Fachbegriffe[41]

Aktives Aktionärswesen
Jede Aktie beinhaltet ein Stimmrecht. Neben dem bloßen Besitz einer Aktie werden Stimmrechte auf Hauptversammlungen ausgeübt. Das Stimmrecht erlaubt es, sich im Unternehmen zu engagieren und das Antragsrecht, Einsichts- und Auskunftsrecht auszuüben.

Ausschlusskriterien
Was darf ins Portfolio und was nicht? Ausschlusskriterien sind wie Portfoliowächter*innen. Sie bestimmen, welche Unternehmen, Branchen und Länder in das Investmentuniversum hereingelassen werden. Typische Ausschlusskriterien sind Menschenrechtsverletzungen, Korruption und Bestechung, Tabak, Alkohol, Pornografie, Atomkraft, Tierversuche sowie Glücksspiel und Umweltzerstörung.

Best-in-Class
Diese Anlagestrategie ist am verbreitetsten. Es werden pauschal keine Unternehmen oder Branchen ausgeschlossen. Stattdessen werden anhand der ESG-Kriterien (environment, social, governance) die Unternehmen innerhalb einer Branche, Kategorie oder Klasse ausgewählt, die im Branchenvergleich in ökologischer, sozialer und ethischer Hinsicht die höchsten Standards setzen.

Best-of-Class
Diese Anlagestrategie ist eine Fortführung des Best-in-Class-Prinzips mit der zusätzlichen Voraussetzung, dass die ausgewählten Unternehmen in einer nachhaltigen Branche tätig sein müssen. Beispiele wären hier Wasserversorgung, erneuerbare Energien, Kreislaufwirtschaft, nachhaltige Landwirtschaft, Wohnungswirtschaft oder die Sozial- und Gesundheitsbranche.

Best-in-Progress
Wie sollen wir Unternehmen bewerten, die keine Nachhaltigkeitspionier*innen sind, jedoch Produkte und Dienstleistungen liefern (zum Beispiel Stahl), die im täglichen Leben unersetzlich sind? Diese Anlagestrategie wählt gezielt Unterneh-

men für die Kapitalanlage aus, die die größten messbaren Fortschritte bei ihrer Nachhaltigkeitsleistung erzielen. Spezialisierte Ratingagenturen liefern die Informationen, und so können Anleger*innen an einer positiven Entwicklung teilhaben.

Carbon Bubble
Jede Blase platzt irgendwann. Nicht anders wird es mit der Carbon Bubble – zu Deutsch: Kohlenstoffblase. Hierunter versteht man eine Investitionsblase, die sich aus der Unvereinbarkeit des Zwei-Grad-Ziels mit dem Abbau und der Nutzung weiterer Teile der momentan bekannten Reserven an Erdöl, Erdgas und Kohle ergibt. Man nimmt an, dass ein Großteil der entsprechenden Investitionen überbewertet ist, da das Risiko der Unverwertbarkeit nicht berücksichtigt wird.

Cradle-to-Cradle-Prinzip
Das Cradle-to-Cradle-Prinzip – von der Wiege in die Wiege – orientiert sich an der Natur. Der Mensch ist das einzige Lebewesen, das Müll hinterlässt. Unser jetziges Wirtschaftsmodell basiert auf dem Cradle-to-Grave-Prinzip – von der Wiege ins Grab – bzw. zur Müllkippe. Der Chemiker Michael Braungart entwickelte deshalb das Cradle-to-Cradle-Konzept 2002 gemeinsam mit dem US-Architekten William McDonough. Ziel ist es, alle Rohstoffe wiederzuverwenden, um Ressourcen und die Umwelt zu schonen.

Carbon Footprint
Der Carbon Footprint (CO_2-Fußabdruck) eines Investments bezeichnet die Mengen an Treibhausgasemissionen, die ein Produkt, Unternehmen oder Portfolio verursacht.

COP/Conference of the Parties
Eine Abkürzung für die UN-Klimakonferenzen, innerhalb derer die jährlichen Verhandlungen von Staaten und weiteren Akteur*innen stattfinden – mit dem Ziel, eine gemeinsame Lösung für den vom Menschen verursachten globalen Klimawandel und die damit verbundene Erderwärmung zu finden. Die wohl bekannteste UN-Klimakonferenz ist die COP21, die 2015 in Paris stattfand und in das Pariser Klimaabkommen mündete.

Corporate Governance
Unter Corporate Governance versteht man gute und transparente Unternehmensführung. Governance-Themen sind beispielsweise die Qualität des Managements und die Unternehmenskultur. Ebenfalls dazu zählen eine transparente Berichterstattung und die Umsetzung von Manage-

mentaufgaben in einer Weise, die frei von Missbrauch und Korruption ist.

Corporate Responsibility (CR)
Bezeichnet die Verantwortung eines Unternehmens, in seiner Geschäftsausübung so zu operieren, dass Umwelt wie auch die Gesellschaft als Ganzes keinen Schaden nehmen.

Corporate Social Responsibility (CSR)
Bezeichnet die Verantwortung von Unternehmen für die Auswirkungen ihres Handelns auf die Gesellschaft.

Degrowth
Bezeichnet eine Verringerung von Konsum und Produktion und damit auch des Bruttoinlandprodukts als einen Weg zu mehr sozialer Gerechtigkeit, ökologischer Nachhaltigkeit und Wohlbefinden.

Dekarbonisierung
Unter Dekarbonisierung versteht man die Transformation der Wirtschaft in Richtung eines niedrigeren Ausstoßes von Kohlenstoffdioxid.

Divestment/Desinvestment
Ist das Gegenteil von Investment und bezeichnet demnach den Abzug von Investmentkapital aus Aktien, Anleihen und Fonds. Die globale Divestment-Bewegung zum Klima setzt sich dafür ein, Kapital aus treibhausgasintensiven Unternehmen abzuziehen.

DNSH-Regel:
Do No Significant Harm
Heißt übersetzt: Richte keinen wesentlichen Schaden an. Eigentlich eine Selbstverständlichkeit, oder? Diese Regel ist Teil des European Green Deal. Ökologische Tätigkeiten, die einen substanziellen Beitrag zu einem der sechs ökologischen Umweltziele leisten, dürfen nicht gleichzeitig eines der anderen fünf Umweltziele (substanziell) schädigen.

Engagement
Dieser Begriff umfasst Aktivitäten von vermögenden und institutionellen Anleger*innen, mit denen diese allein oder gemeinsam auf Unternehmen mit kritischen Geschäftsaktivitäten zugehen. Dies beinhaltet auch Stimmrechtsausübungen auf Hauptversammlungen, Aktionär*innenanträge und Fragen auf Hauptversammlungen sowie Gespräche mit anderen Organisationen und Entscheidungsträger*innen aus Wirtschaft und Politik.

ESG
Die Abkürzung steht für Environment, Social und Governance – zu

Deutsch: Umwelt, Soziales und gute Unternehmensführung. Die ESG-Integration ist die Einbeziehung von ESG-Kriterien beziehungsweise -Risiken in die traditionelle Unternehmensanalyse.

ESG-Fondsratings
Bezeichnet die Bewertung eines Investmentfonds seitens einer Drittpartei – zumeist durch eine spezielle Ratingagentur. Hier werden die einem Fonds zugrunde liegenden Positionen analysiert und die darin nachgewiesenen ESG-Werte mithilfe bestimmter Parameter quantifiziert. Die Auswahl der Parameter und die daraus resultierende Bewertung können je nach ESG-Agentur unterschiedlich ausfallen.

ETF
Exchange Traded Fund auf Deutsch: börsengehandelter Fonds. Nicht zu verwechseln mit Indexfonds, die nicht an der Börse gehandelt werden. ETFs investieren in der Regel in einen Aktienindex wie zum Beispiel den DAX oder Dow Jones. Es stehen mittlerweile Tausende verschiedener Indizes zur Auswahl. Die internen Kosten sind sehr niedrig, da kein*e Fondsmanager*in benötigt wird und Veränderungen computergesteuert ausgeführt werden. ETFs gehören wie Investmentfonds zum sogenannten Sondervermögen.

EU-Aktionsplan
2019 veröffentlichte die EU-Kommission den EU-Aktionsplan zur Finanzierung nachhaltigen Wachstums. Er zielt darauf ab, Kapitalflüsse auf nachhaltige Investitionen umzulenken, um ein nachhaltiges und integratives Wachstum zu erreichen und finanzielle Risiken zu bewältigen, die sich aus der Klimakrise, der Ressourcenknappheit, der Umweltzerstörung und sozialen Probleme ergeben. Außerdem soll er die Transparenz und Langfristigkeit in der Finanz- und Wirtschaftstätigkeit fördern

Gemeinwohl-Ökonomie
Das Konzept der Gemeinwohl-Ökonomie existiert bereits seit den Neunzigerjahren. Sehr bekannt ist die Vision des österreichischen Philologen Christian Felber. Seine Vision beruht auf einem alternativen Wirtschaftswachstum, das auf gemeinwohlfördernden Werten wie Kooperation und Solidarität statt auf Konkurrenz und Gewinnmaximierung aufgebaut ist. Ziel jedes ökonomischen Handelns soll nicht mehr die Gewinnmaximierung, sondern die Steigerung des Allgemeinwohls sein.

Global Compact

Der UN Global Compact ist die weltweit größte und wichtigste Initiative für verantwortungsvolle Unternehmensführung. Die Vision des UN Global Compact ist eine inklusive und nachhaltige Weltwirtschaft auf der Grundlage seiner zehn universellen Prinzipien in vier Bereichen: Menschen- und Arbeitsrechte, Umweltschutz und Korruption.

Green Bonds

Green Bonds heißt übersetzt »nachhaltige Anleihen«. Anleger*innen investieren ihr Geld in bestimmte Unternehmen, um nachhaltige Projekte zu fördern. Förderbanken, Geschäftsbanken, Staaten und Unternehmen können auf diese Weise Kapital für klima- und umweltschützende Projekte beschaffen. Kritik an den Emittenten besteht insoweit, dass sie ihren CO_2-Ausstoß durch die Herausgabe von grünen Anleihen nicht unbedingt verringern und mehr an der ökologischen Ausrichtung des Unternehmens insgesamt arbeiten müssen.

Greenwashing

Der Begriff steht für die irreführende Kommunikation von Umweltvorteilen eines Produkts, einer Dienstleistung oder einer Organisation, um ein Unternehmen als umweltfreundlicher darzustellen, als es in Wahrheit ist. Gerne werden in diesem Zusammenhang nicht geschützte Begriffe verwendet wie »100 Prozent umweltfreundlich«, »umweltschonend«, »biologisch«, »ökologisch einwandfrei«, »klimafreundlich«, »klimaneutral produziert« oder »nachhaltig«.

ILO-Kernarbeitsnormen

Die acht Kernarbeitsnormen der Internationalen Arbeitsorganisation (ILO) definieren soziale Mindeststandards für Arbeitnehmer*innen und umfassen die folgenden Bereiche: Abschaffung von Zwangsarbeit, Schutz der Vereinigungsfreiheit, Vereinigungsrecht und Recht zu Kollektivverhandlungen, Gleichheit des Entgelts, Abschaffung der Zwangsarbeit, Schutz vor Diskriminierung, Mindestalter sowie Verbot und unverzügliche Maßnahmen zur Beseitigung der schlimmsten Formen der Kinderarbeit.

Impact Investments

Impact Investments sind Investments in Unternehmen, Organisationen und Fonds mit der Intention, neben der finanziellen Rendite auch sozial und ökologisch etwas zu bewirken. Impact Investments werden sowohl in Industrie- als auch in

Schwellenländern getätigt und können abhängig von den Umständen sowohl unterdurchschnittliche als auch marktübliche Renditen erzielen. Beispiele für Impact Investments sind Mikrofinanzierung und Social-Business- oder Entrepreneurship-Fonds.

Impact-Messung
Impact-Messung ist keinesfalls zu verwechseln mit Impact-Investing. Es handelt sich dabei um die Art und Weise, wie genau sich die Aktivitäten von Unternehmen positiv und negativ auf unsere Welt auswirken. Oftmals wird die Wirkung anhand der 17 Nachhaltigkeitsziele der Vereinten Nationen gemessen.

Indexfonds
Indexfonds werden im Vergleich zu ETFs nicht an der Börse gehandelt. Ähnlich wie bei aktiven Investmentfonds kauft beziehungsweise verkauft man sie nur einmal täglich über den Fondsanbieter. Indexfonds enthalten immer die Aktien selbst und sind daher physisch repliziert.

Investmentfonds (offen/geschlossen)
Mit offenen Investmentfonds können Anleger*innen bereits mit kleinen Beträgen ab 25 Euro monatliche Sparpläne einrichten. Investmentgesellschaften geben Anteilsscheine heraus, die kurzfristig gekauft und wieder verkauft werden können. Es kann in Wertgegenstände wie Aktien, Renten (Anleihen), Immobilien und Rohstoffe investiert werden. Investmentfonds investieren in viele verschiedene Wertpapiere und bieten somit eine breite Risikostreuung. Das verwaltete Vermögen gehört zum Sondervermögen.

Geschlossene Fonds dagegen investieren in der Regel in ein Investitionsprojekt, und Anleger*innen werden Mitunternehmer*innen. Die investierte Summe liegt in der Regel deutlich höher, und es kann nicht sofort über das Kapital verfügt werden. Geschlossene Fonds gehören nicht zum Sondervermögen und haben in der Regel ein Totalverlustrisiko.

Integration
Explizite Einbeziehung von sozialen, ethischen und ökologischen Risiken sowie Corporate-Governance-Risiken in die traditionelle Finanzanalyse.

IPCC: Weltklimarat
Die Abkürzung steht für »Intergovernmental Panel on Climate Change«, der auch oft als »Weltklimarat« bezeichnet wird. Das wissenschaftliche Gremium ist regierungsunabhängig. Hunderte

Wissenschaftler*innen aus der ganzen Welt wirken dort mit. Sie erarbeiten und bewerten anhand der aktuellen und anerkannten wissenschaftlichen Veröffentlichungen den jeweils neuesten Kenntnisstand zu Klimaänderungen und fassen ihn in regelmäßigen Sachstandsberichten sowie in Sonderberichten zu ausgewählten Themen zusammen.

LOHAS
Nachhaltigkeit als Lebensstil? Die Abkürzung LOHAS steht für »Lifestyle of Health and Sustainability« und bezeichnet Menschen, die einen nachhaltigen Lebensstil pflegen und einen besonderen Wert auf die Aspekte »Gesundheit«, »Umwelt« und »Soziales« legen. Der amerikanische Soziologe Paul Ray schrieb bereits 2000 über diesen Konsumententyp, der deutsche Zukunftsforscher Matthias Horx 2007. Im Vordergrund steht nicht der Verzicht, sondern der hochwertige und bewusste Konsum.

Mikrofinanzierung
Mikrofinanzierung bezeichnet die Bereitstellung von verschiedenen Finanzdienstleistungen für benachteiligte Bevölkerungsgruppen. Solche Dienstleistungen können Kleinstkredite, Versicherungen oder Spareinlagen sein. Sie dienen vorrangig der Armutsbekämpfung. Mit Mikrokrediten wird vor allem eine hohe soziale Rendite erwirtschaftet.

Nachhaltigkeitsbeirat
Vor allem nachhaltige aktive Fonds verfügen über einen Nachhaltigkeitsbeirat. Dieses Gremium tagt regelmäßig, um einerseits über die Ausrichtung der eigenen Investitionspolitik zu beraten als auch über die investierten Unternehmen.

Net-Zero Asset Owner Alliance
Wurde von den Vereinten Nationen auf dem UN-Klimagipfel 2019 gegründet. Umfasst 33 institutionelle Mitglieder, die sich verpflichtet haben, die CO_2-Emissionen ihrer Anlageportfolios bis 2050 auf netto null zu reduzieren. Mitglieder sind zum Beispiel die Allianz, Axa, Generali, KENFO, Munich RE oder Zurich.

Nichtstaatliche Organisationen (NGOs)
Die Abkürzung steht für »non-governmental organisations«; diese sind unabhängige, nichtstaatliche Organisationen, die keine Gewinnziele verfolgen. Diese privaten Organisationen setzen sich für soziale, gesellschaftspolitische oder umweltrelevante Themen ein. Stiftungen, eingetragene Vereine (e.V.) oder gemeinnützige GmbHs (gGmbH) sind die

häufigsten Rechtsformen in Deutschland. Finanziert werden sie durch Spenden oder Mitgliedsbeiträge.

Normbasiertes Screening
Überprüfung von Investments auf ihre Konformität mit bestimmten internationalen Standards und Normen wie dem Global Compact, den OECD-Leitsätzen für multinationale Unternehmen oder den ILO-Kernarbeitsnormen.

Positivkriterien/Negativkriterien
Bei positiven Anlagekriterien findet eine Auswahl von Unternehmen statt, die in der Anlagepolitik festgelegten Anforderungen hinsichtlich guter Unternehmensführung und bestimmter ökologischer, sozialer und ethischer Aspekte besonders gut erfüllen.

Bei negativen Anlagekriterien werden Branchen, Unternehmen oder Staaten ausgeschlossen, die bestimmte soziale, ökologische und ethische Kriterien nicht erfüllen. Dazu gehören unter anderem Rüstungs- oder Tabakproduktion, Pornografie, Tierversuche oder die Verletzung von Menschenrechten.

Postwachstumsökonomie
Bedeutet wörtlich »die Wirtschaftslehre nach dem Wachstum«. Der Begriff bezeichnet eine Wirtschaft, die ohne Wachstum des Bruttoinlandsprodukts über stabile Versorgungsstrukturen verfügt, wenn auch bei vergleichsweise reduziertem Konsumniveau. Kerngedanke dabei ist, dass das Streben nach unbegrenztem Wachstum zu sozialer Ungleichheit und Umweltproblemen führt.

Principles of Responsible Investing (PRI)
Die UN Principles for Responsible Investment (UN PRI), zu Deutsch: Prinzipien für verantwortliches Investieren, sind eine 2006 gegründete Investor*inneninitiative in Partnerschaft mit der Finanzinitiative des UN-Umweltprogramms (UNEP) und dem UN Global Compact. Die von den Vereinten Nationen unterstützte Initiative ist ein internationales Investor*innennetzwerk. Die ihm angehörenden Unternehmen verpflichten sich freiwillig und unverbindlich zu sechs Prinzipien für verantwortungsvolles Investieren.

Primärmarkt vs. Sekundärmarkt
Der Primärmarkt ist der Teil des Kapitalmarktes, an dem neu aufgelegte Wertpapiere (zum Beispiel Aktien und Anleihen) platziert werden können. Auch »Neuemissionen« genannt. Am Sekundärmarkt werden

dagegen nur umlaufende Wertpapiere gehandelt (bereits bestehende Aktien, Anleihen, ETFs usw.).

Robo-Advisor
Der Begriff »Robo-Advisor« setzt sich aus den zwei englischen Wörtern Robot (Roboter) und Advisor (Berater) zusammen. Ein Robo-Advisor ist ein intelligentes System, das unter Einsatz von Algorithmen und in der Regel ohne menschliche Beteiligung Anlageempfehlungen für ein optimiertes Portfoliomanagement gibt.

Sharpe Ratio
Eine nach dem Nobelpreisträger William F. Sharpe benannte Finanzkennzahl, die hilft, Anlageformen untereinander vergleichbar zu machen. Sie beschreibt, wie hoch die Rendite einer Geldanlage über dem risikofreien Zinssatz (zum Beispiel Tagesgeldkondition) lag und mit welcher Schwankungsbreite (Volatilität) diese Rendite erzielt wurde.

Screening
Beschreibt einen Anlageansatz, auf dessen Grundlage Unternehmen mithilfe festgelegter Kriterien von einem Investment ausgeschlossen werden. Beim Screening können sowohl negative Filter (Ausschluss bestimmter Unternehmen aufgrund ihrer Beteiligung an beziehungsweise in unerwünschten Handlungen oder Sektoren) als auch positive Filter angelegt werden.
In der Fachsprache spricht man hier auch von einer »Best-in-Class-Anlage«. Das bedeutet, dass nur in Unternehmen investiert wird, die bei der Einhaltung von Nachhaltigkeitspraktiken und dem Nachweis einer nachhaltigen Wertentwicklung branchenführend sind.

Sustainable Development Goals (SDGs)
Die SDGs (Ziele für nachhaltige Entwicklung) sind 17 politische Zielsetzungen der Vereinten Nationen, die auf Grundlage der drei Dimensionen der Nachhaltigkeit – Umwelt, Soziales und Wirtschaft – eine weltweite nachhaltige Entwicklung vorantreiben sollen. Die 17 Nachhaltigkeitsziele haben 169 Unterziele und wurden 2015 verabschiedet. Die Umsetzung ist bis 2030 vorgesehen, daher spricht man auch von der Agenda 2030.

Sondervermögen
Die Anteilsscheine, die Anleger*innen in aktiven oder passiven Fonds erwerben, bilden ein Sondervermögen. Es wird vom Vermögen der Investmentgesellschaft getrennt.

Somit ist das eingelegte Kapital der Anleger*innen im Falle einer Insolvenz geschützt.

Socially Responsible Investing (SRI)
Dieser Anlagestil steht für das Einbeziehen sozialer, gesellschaftlicher und ökologischer Kriterien in Anlageentscheidungen. Wird als Synonym für nachhaltiges und verantwortliches Investieren verwendet.

Stimmrechtsausübung
Bezeichnet die Ausübung der Aktionärsstimmrechte auf der Hauptversammlung, um die Unternehmenspolitik zu beeinflussen oder zu unterstützen.

Stranded Assets
Sind Vermögenswerte, die unerwartet oder vorzeitig eine Abwertung oder Abschreibungen zu verzeichnen haben. Vor dem Hintergrund des Phänomens der Carbon Bubble besteht für kohlenstoffintensive Investments ein besonders erhöhtes Risiko, zu Stranded Assets zu werden.

Taxonomie (einheitliches Verfahren)
Die EU-Taxonomieverordnung soll mit einem eindeutigen Klassifizierungssystem für die Kennzeichnung nachhaltiger Finanzprodukte für mehr Klarheit sorgen. Die Taxonomie ist einer von zehn Maßnahmenpunkten im Rahmen des EU-Aktionsplanes zur Finanzierung nachhaltigen Wachstums.

Volatilität
Beschreibt den Schwankungsbereich von Wertpapierkursen während eines bestimmten Zeitraums. Sie ist eine mathematische Größe (Standardabweichung) für das Maß des Risikos einer Kapitalanlage. Je größer diese Schwankungsbreite ist, desto volatiler und damit risikoreicher ist die Anlage.

Weiterführende Literatur und Informationsquellen

Wo finde ich auf Nachhaltigkeit spezialisierte Berater*innen?

- Forum Nachhaltige Geldanlagen (FNG) – https://forum-ng.org/de/
- ECOanlageberater*innen/Fachberater*innen für Nachhaltiges Investment – https://www.ecoanlageberater.de/fernlehrgang/berater-finden
- Ökofinanz-21 e.V. – Netzwerk für nachhaltige Vermögensberatung® – https://www.oekofinanz-21.de
- Greensurance-Nachhaltigkeitsberater*innen (Versicherungen) – https://www.klimastrategen.de/ihre-esgberater-in-deutschland/

Weiterbildungsmöglichkeiten für Berater*innen

- IASE: International Association for Sustainable Economy
- SRI Advisor (ebs) von der EBS Universität für Wirtschaft und Recht

Weiterführende Literatur

- ECOreporter-Verlag aus Dortmund – seit 1999 Magazin für Nachhaltige Geldanlagen – https://www.ecoreporter.de
- »Grünes Geld 2020«, Handbuch für nachhaltige Geldanlagen von Max Deml
- »Nachhaltiges Investieren«, Konkrete Themen und ihre Bewertung von Wolfgang Pinner
- »Mondays For Future« von Claudia Kemfert
- »Unsere Welt neu denken« von Maja Göpel
- »Grüner wird's nicht – Warum wir mit der ökologischen Krise völlig falsch umgehen« von Kathrin Hartmann

Quellenverzeichnis

1 O.V. (2021): Blackrock Chef schickt Klimasündern blauen Brief [https://www.fondsprofessionell.de/news/maerkte/headline/blackrock-chef-schickt-klimasuendern-blauen-brief-204186/].

2 Forum Nachhaltige Geldanalagen (2020): Marktbericht Nachhaltige Geldanlagen 2020, S. 4, 8.

3 SusCon – der Podcast für nachhaltige Investments (2020): Nachhaltige Geldanlage und der Vertrieb: Wer bremst hier wen? [https://www.podcast.de/episode/431117209/SusCon+-+der+Podcast+%28Folge+19%29/].

4 Meinzen-Dick, R. / Kovarik, C. / Quisumbing, A. R. (2014): »Gender and Sustainability« [https://www.annualreviews.org/doi/10.1146/annurev-environ-101813-013240].

5 JP Morgen Asset Management (2019): »Der ›kleine Unterschied‹ bei der Geldanlage« [https://am.jpmorgan.com/de/de/asset-management/per/about-us/press/1-oktober-2019/#].

6 O.V. (o.J.): »Hans Carl von Carlowitz: Sein Leben und Wirken« [https://www.forstwirtschaft-in-deutschland.de/forstwirtschaft/nachhaltigkeit/hans-carl-von-carlowitz/].

7 Deutschlandfunk (2008): »Das Ende der Sklaverei« [https://www.deutschlandfunk.de/das-ende-der-sklaverei.871.de.html?dram:article_id=126346].

8 O.V. (o.J.): »Struktur der Kapitalanlagen der Erstversicherer« [https://www.gdv.de/de/zahlen-und-fakten/versicherungsbereiche/kapitalanlagen-24114#StrukturErstversicherer].

9 Hilmes, C. (2021): »Deutsche Versicherer setzen sich Nachhaltigkeitsziele« [https://www.dasinvestment.com/deutsche-versicherer-setzen-sich-nachhaltigkeitsziele/#-1].

10 Deutsche Rentenversicherung (o.J.): »Rentenniveau« [https://www.deutsche-rentenversicherung.de/DRV/DE/Rente/Allgemeine-Informationen/Wissenswertes-zur-Rente/FAQs/Rente/Rentenniveau/Rentenniveau_Liste.html#b5b6ed86-5a0d-45d6-945b-eb4016f70428].

11 Deutscher Fondsverband BVI (o.J.): »Auswertung der offenen Immobilien-Publikumsfonds« [https://www.bvi.de/fileadmin/user_upload/Statistik/31_12_2020_Quartalsauswertung_für_offene_Immobilienfonds.pdf].

12 Jegers, A. (2019): »Warum Investoren bei Immobilien auf Nachhaltig-

keit setzen« [https://www.capital.de/immobilien/warum-investoren-bei-immobilien-auf-nachhaltigkeit-setzen#-1].
13 Scope Analysis (2018): »Offene Immobilienfonds – Portfolios werden nachhaltiger – Zertifizierungsquoten steigen« [https://www.scopeanalysis.com/ScopeAnalysisApi/api/downloadstudy?id=273ba3b7-3806-4d97-a137-26032c7b5217#-1].
14 Schwerdtfeger, H. (2019): »Gebäude sind schlafende Klimariesen« [https://www.wiwo.de/finanzen/immobilien/nachhaltige-immobilienfonds-gebaeude-sind-schlafende-klimariesen/25307466.html#-1].
15 Kühl, A. (2007): »Immobilien sind für fast 40 % des CO_2-Ausstoßes verantwortlich« [https://www.energynet.de/2007/05/22/immobilien-sind-fur-fast-40-des-co2-ausstoses-verantwortlich/#-1].
16 Burchert, M. / Wischnath, U. (2020): »Was sich ändern muss, damit wir uns nicht die Zukunft verbauen« [https://www.klimareporter.de/gebaude/was-sich-aendern-muss-damit-wir-uns-nicht-die-zukunft-verbauen].
17 O. V. (2021): »Markt für grüne Anleihen wächst stark« [https://www.manager-magazin.de/finanzen/gruene-anleihen-der-markt-umweltfreundliche-wertpapiere-waechst-stark-a-8fb13826-1810-405d-bfce-3a543159f0a8#-1].
18 Kishan S. / Chasan E. (2020): »Older ESG Funds outperform their newer rivals in the market« [https://www.bloomberg.com/news/articles/2020-03-13/older-esg-funds-outperform-their-newer-rivals-in-market-tumult].
19 O. V. (2021): »Schwarzer Tag für die Ölgiganten« [https://www.manager-magazin.de/unternehmen/industrie/bp-mit-milliardenverlust-in-horrorjahr-a-20691caa-637d-49e1-9f32-562f09d26f3c#-1].
20 Cairns, R. (2021): »Larry Fink sieht schwindende Bedeutung von Standard Indizes« [https://citywire.de/news/larry-fink-sieht-schwindende-bedeutung-von-standard-indizes/a1453673#-1].
21 Klemm, Thomas (2021): Bitcoin ist schädlich. Frankfurter Allgemeine Zeitung https://www.faz.net/aktuell/finanzen/bitcoin-ist-schaedlich-hoher-stromverbrauch-17128082.html#-1.
22 V. Diest, A. (2020): »Wer setzt auf Grau?« [https://www.bafin.de/SharedDocs/Veroeffentlichungen/DE/Fachartikel/2020/fa_bj_2011_Graumarktstudie.html#-1].
23 Schier, S. / Kröner, A. / Herz, C. (2021): »Robinhood, Trade Republic, Scalable: Das hat es mit dem Boom der Neobroker auf sich« [https://www.handelsblatt.com/finanzen/anlagestrategie/trends/boersenhandel-robinhood-trade-republic-scalable-das-hat-es-mit-dem-boom-der-neobroker-auf-sich/26871622.html?ticket=ST-1670444-ihPfFI233pSfGA0vZSFt-ap6#-1].
24 O. V. (2021): »Eltern verklagen Neo-Broker Robinhood«

[https://www.n-tv.de/wirtschaft/Eltern-verklagen-Neo-Broker-Robinhood-article22348708.html?xing_share=news#-1].

25 Kommer, G. (2020): »Meiden Sie Finanz-Pornographie – und acht weitere große Anlegerfehler« [https://www.finanzen100.de/finanznachrichten/boerse/meiden-sie-finanz-pornographie-und-acht-weitere-grosse-anleger fehler_H300927157_12405933/].

26 NYU Stern Center for Sustainable Business (o.J.): »Return on Sustainability InvestmentROSI™ Research Database« [https://www.stern.nyu.edu/experience-stern/about/departments-centers-initiatives/centers-of-research/center-sustainable-business/research/return-sustainability invest ment-rosi/rosi-resources-and-tools/rosi-research-database].

27 Wilkens, M./Klein, C. (2021): »Welche transformativen Wirkungen können nachhaltige Geldanlagen durch Verbraucherinnen und Verbraucher haben?«, Verbraucherzentrale Bundesverband [https://www.vzbv.de/sites/default/files/downloads/2021/02/11/gutachten_wilkens_und_klein_nachhaltige_geldanlagen.pdf].

28 Kölsch, R. (2020): »Augen auf vor Mogelpackungen bei ESG-Geldanlagen« [https://www.focus.de/finanzen/boerse/experten/kolumne-von-roland-koelsch-auch-das-kleine-abc-der-esg-geldanlage-will-gelernt-sein_id_12788579.html#-1].

29 Cook, J./Lauricella, T. (2020): »How Big Fund Families Voted on Climate Change: 2020« [https://www.morningstar.com/articles/1002749/how-big-fund-families-voted-on-climate-change-2020-edition#-1].

30 Ross, D.B./Combs E. (2018): »Financial Therapy Association; The Impact of Psychological Trauma on Finance«, in: Journal of Financial Therapy, Vol. 9, Issue 2 [https://newprairiepress.org/cgi/viewcontent.cgi?article=1174&context=jft].

31 O.V. (2008): »Geld ist in Beziehungen starker tabuisiert als Sex« [https://www.zeit-verlagsgruppe.de/pressemitteilung/jutta-allmen dinger-in-zeit-campus-geld-ist-in-beziehungen-starker-tabuisiert-als-sex/#-1].

32 O.V. (2017): »Schon Mädchen bekommen weniger Taschengeld als Jungs« [https://www.welt.de/vermischtes/article161537901/Schon-Maedchen-bekommen-weniger-Taschengeld-als-Jungs.html].

33 O.V. (2019): »The sentimental savings study« [https://ellisassociatesinc.wordpress.com/2019/10/28/the-sentimental-savings-study-bradley-t-klontz-et-al-journal-of-financial-planning/#-1].

34 Reuter, S. (2019): »Grüner Knopf: Was taugt das erste staatliche Siegel für nachhaltige Kleidung?« [https://utopia.de/siegel/gruener-knopf-staatliches-siegel-nachhaltige-kleidung/#-1].

35 Dohmen, C. (2021): »Kritik am Grünen Knopf« [https://www.

sueddeutsche.de/wirtschaft/textil industriekritik-am-gruenen-knopf-1.5166513].
36 O.V. (2020): »Das ECOreporter-Siegel im Überblick« [https://www.ecoreporter.de/artikel/das-eco reporter-siegel-im-uberblick/#-1].
37 O.V. (2020): »ESG Regulierung (3): Das Ecolabel für Fonds« [https://www.fondsprofessionell.de/news/recht/headline/esg-regulierung-3-das-ecolabel-fuer-fonds-197863/#-1].
38 Bürger T. (2020): »MSCI erweitert ESG-Research-Team« [https://www.private-banking-magazin.de/standort-frankfurt-neuzugang-bei-msci/#-1].
39 Jebb, A. T. et al. (2018): »Money only buys happiness for a certain amount« [https://purdue.edu/newsroom/releases/2018/Q1/money-only-buys-happiness-for-a-certain-amount.html].
40 O. V. (o. J.): »So viel Einkommen macht uns wirklich glücklich« [https://www.stern.de/wirtschaft/news/gehalt--so-viel-einkom men-macht-uns-wirklich-glueck lich-7924186.html#-1].
41 O. V. (o. J.): »Glossar Vividam«, »Glossar zum FNG-Nachhaltig-keitsprofil« [https://www.vividam.de/index.php/glossar/, https://forum-ng.org/de/fng-nachhaltig keitsprofil/glossar.html#-1].

Über die Autorin

© Fotostudio Ritter, Düsseldorf

Jennifer Brockerhoff ist seit 20 Jahren als Finanzberaterin tätig. Sie ist u. a. selbstständige Fachberaterin für nachhaltiges Investment und engagiert sich beruflich sowie privat für ein Umdenken und Umlenken von Finanzströmen im Finanzwesen. Die Idee zu ihrem Buch entstand aus vielen Kund*innengesprächen, die ihr gezeigt haben, wie schwer es Menschen fällt, in das Thema einzusteigen.